会展建筑电气及智慧设计
关键技术研究与实践

RESEARCH AND PRACTICE ON KEY TECHNOLOGIES OF
ELECTRICAL AND INTELLIGENT DESIGN OF EXHIBITION BUILDINGS

沈育祥 等 著

中国建筑工业出版社

图书在版编目（CIP）数据

会展建筑电气及智慧设计关键技术研究与实践 = RESEARCH AND PRACTICE ON KEY TECHNOLOGIES OF ELECTRICAL AND INTELLIGENT DESIGN OF EXHIBITION BUILDINGS / 沈育祥等著. —北京：中国建筑工业出版社，2022.9

ISBN 978-7-112-27659-2

Ⅰ. ①会… Ⅱ. ①沈… Ⅲ. ①展览馆–房屋建筑设备 –电气设备–建筑设计–研究 Ⅳ. ①TU85

中国版本图书馆CIP数据核字（2022）第130411号

本书包含研究和实践两个方面，对会展建筑电气与智慧设计中的关键技术进行了多维度的详细阐述。研究篇分为会展建筑电气及智慧设计要点、会展建筑供配电系统、会展建筑照明设计研究、会展建筑防雷与接地、会展建筑电气防灾研究、会展建筑物业管理及维护、会展建筑"双碳"技术应用、会展建筑智慧设计、国家级会议会展中心9个章节。实践篇汇集了华东院近期设计的多个会展建筑优秀项目案例。

本书具有系统性强、结构严谨、技术先进、实践性强等特点，可供从事会展建筑电气与智慧设计技术理论研究和工程实践的工程技术人员、设计师参考和借鉴，也可作为高等院校相关专业师生的参考阅读资料。

责任编辑：王华月 范业庶
责任校对：赵 菲

会展建筑电气及智慧设计
关键技术研究与实践
RESEARCH AND PRACTICE ON KEY TECHNOLOGIES OF
ELECTRICAL AND INTELLIGENT DESIGN OF EXHIBITION BUILDINGS
沈育祥 等 著

*

中国建筑工业出版社出版、发行（北京海淀三里河路9号）
各地新华书店、建筑书店经销
北京鸿文瀚海文化传媒有限公司制版
天津图文方嘉印刷有限公司印刷

*

开本：880毫米×1230毫米 1/16 印张：15¾ 字数：443千字
2022年8月第一版 2022年8月第一次印刷
定价：**178.00**元
ISBN 978-7-112-27659-2
（39844）

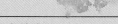

作者简介

沈育祥　华建集团电气专业总工程师兼华东建筑设计研究院有限公司电气总工程师，教授级高级工程师，注册电气工程师，担任全国勘察设计注册工程师管理委员会委员、中国建筑学会建筑电气分会理事长、中国建筑学会常务理事、中国消防协会电气防火专业委员会副主任、上海市建筑学会常务理事、上海市建委科学技术委员会委员等社会职务。

先后主持东方之门、新开发银行总部大楼、苏州中南中心、南京江北新区等超高层建筑以及国家图书馆、上海地铁迪士尼车站、东方艺术中心、世界会客厅、进口博览会等各类重大工程项目的电气设计。

主编和参编《智慧建筑设计标准》T/ASC 19-2021、《智能建筑设计标准》GB/T 50314-2000、《民用建筑电气防火设计规程》DGJ 08-2048-2016、《耐火和阻燃电线电缆通则》GB 19666-2005等20余部国家和地方标准规范。

在国内权威期刊上发表《从智能建筑到智慧建筑的技术革新》《低压直流配电技术在民用建筑中的合理应用》等十余篇专业学术论文，并主编或参撰《超高层建筑电气设计关键技术研究与实践》《超高层建筑智慧设计关键技术研究与实践》《空港枢纽建筑电气及智慧设计关键技术研究与实践》《智能建筑设计技术》《中国消防工程手册》等多部学术专著。

曾获国家优秀工程标准设计奖、上海市优秀工程设计奖、全国标准科技创新奖、上海标准化优秀技术成果奖、上海优秀工程标准设计奖、上海市科技进步奖、上海市建筑学会科技进步奖等荣誉。

编委会

学术指导：

张俊杰　汪大绥　汪孝安　郭建祥　周建龙

主　任：

沈育祥

副主任：

王　晔　殷小明　王　雷　田建强　程　明

编　委：

沈冬冬　黄辰赟　严　晨　缪海琳　黄晓波　杨　琦　韩　翌　张高峰
季　晨　王　磊　江毅哲

（以下按姓氏笔画排序）

王　进　王玉宇　王达威　王宇君　王微伶　方飞翔　龙　晖　印　骏　刘　剑
刘　悦　杨云翔　杨春晖　张晓波　陈逸聪　於红芳　郑君浩　徐天择　殷　平
高　斐　龚德斐　韩倩雯　蔡增谊

主　审：

金大算　吴文芳

序 一

改革开放40多年来，我国的经济保持高速增长的势头，中国在世界经济贸易中的地位也越来越重要，这样的历史机遇为我国城市会展业的发展提供了重要的环境基础。会展业不仅能提升城市的知名度和公众形象，还能产生强大的互动和共赢效应，带动交通运输业、物流业、建筑业、商业、广告、旅游、金融等相关各行业的发展，从而产生可观的经济和社会效益，是一个绿色环保新兴市场。

会展业作为21世纪的朝阳行业，有着巨大的生机和潜力，其发展必然会带动会展建筑的蓬勃建设。21世纪初，国内各大城市相继兴建会展中心及配套设施，以此带动城市乃至整个地区的经济发展，国内会展业从无到有、从小到大，为建筑设计行业带来了巨大的机遇和挑战。

现今，会展建筑设计已呈现出综合化、技术化、节能化、弹性化、人性化等众多优势：现代城市会展中心的职能已不仅仅局限在单纯举办展览和会议交流活动的基本范围，服务对象的增多促使会展中心的功能更加综合多样化；由于功能要求的特殊性，会展建筑的大空间、大跨度和多功能复合的特点，往往与其自身发展与科学技术手段的进步有着不可分割的密切关系，在大空间建筑的设计中，技术既是理想形态的保证，也是形态表现的要素；现代会展中心作为大型公共建筑绝对是一个能耗大户，如何通过优化设计的技术措施进行节能设计是会展中心建筑功能设计的目标和趋向；会展建筑的模块式设计使每个展厅自成体系，能够实现独立运作、可合可分，体现现代会展中心灵活、弹性、实用的特点，各展厅之间可通过连接体连通，根据展会的规模进行不同的组合；在会展建筑设计中要以人为本，充分考虑使用者的物质和精神需求。

上海展览中心是华东建筑设计研究院有限公司（简称：华东院）的第一个会展建筑，也是新中国成立后上海最早的标志性建筑。改革开放以来，华东院先后原创设计了虹桥国际展览中心、上海世贸商城和光大会展中心等上海重要会展建筑。迈向新世纪，又接连承担了青岛和重庆会展中心以及南京国际博览中心等国内新兴会展设计项目，为会展建筑设计奠定了坚实基础。以上海世博会为重要契机，承接了一大批具有重大影响力的会展场馆项目，原创设计了世博中心、国家会展中心（上海）、东盟博览会商务综合体和杭州国际博览中心二期等国家和地方的重点工程项目，特别是国家会展中心（上海）提升工程设计为中国国际进口博览会的举办打造了全新的软硬件设施，也标志着华东院在会展及博览会建筑设计领域走在了国内同行前列，在业内享有很高的声誉。

华东院会展设计团队在积累大量工程经验的同时，也非常注重会展建筑设计的学术研究，针对会展的消防、交通、节能、运营等方面进行深入研究和探讨，累计完成和发表论文、专著、专利及科研课题30余篇，荣获国家和地方各级奖项20余项，理论与实践的结合更加强了我院会展设计的实力。

本书基于华东院多年在会展建筑方面的理论研究和实践经验总结，将技术理论与实际工程案例相结合，全面详尽介绍了会展建筑的电气和智慧设计关键技术，并精选了多个工程案例，提供了相关案例的电气和智慧设计精准数据，为今后进行会展建筑电气与智慧设计的从业人员提供了宝贵资料，体现了华东院的专业精神和对社会的回馈奉献意识。

在科技不断发展的今天，如何合理应用新兴技术为会展类建筑设计提供有力的技术支撑，需要进行更多的探索、创新和实践，任重而道远。相信这本《会展建筑电气及智慧设计关键技术研究与实践》能够为设计人员提供帮助，助力会展行业高水平、高质量发展。

中国建筑学会高层建筑人居环境学术委员会主任

华东建筑设计研究院有限公司总经理、总建筑师

2022年5月于上海

序 二

  会展建筑作为一个城市乃至国家的地标和象征，直接反映了社会的政治、经济、文化、科技等诸多方面的发展，即使在今天的互联网时代，这种已有千年历史的展客商交流的空间和综合性商贸场所仍然经久不衰，始终保持着旺盛的活力。经过广交会、世博会、进博会以及东盟博览会等国内外大事件的成功实践，国内会展建筑的多元性和规模化还融合了酒店、办公、商业和文体等多种功能，为跨国、跨地区的科学技术和文化信息的传递提供了畅通的渠道，在这里可以看到区域经济蓬勃发展的缩影，可以看到全球最新的技术、产品、品牌和服务，可以看到不同国家、不同文化、不同风格的多元化理念，这也是会展场馆与其他类型建筑相比的独特之处。

  每一届展览会都是推动最新技术的加速器，会展建筑更是设计创新的有效载体。随着电子科技和智能的发展及一系列令人耳目一新的技术和手段出现，充分体现了电气和智能化设计在会展建筑中的重要作用。如 LED以及全息投影等新的创意不断涌现，技术与艺术达到高度结合，共同营造震撼的空间效果，同时成功实现了超大场馆LED照明的"全覆盖"；在智慧场馆应用方面，特别注重智能化与相关新技术的结合，依靠"导航""导览"和"导购"等软硬件数字技术，建立会展场馆的大数据分析平台，确保了"大场馆""大客流""大交通"的高效有序运营。

  作为一种特殊类型的综合性公共建筑，会展建筑的空间和体量均十分庞大，因此展示系统、空调及照明等机电设备的能源消耗非常可观。通过高新技术和传统有效措施相结合的方式，充分降低建筑的耗能，实现绿色可持续发展，是近年来会展建筑做出的有益探索和尝试。通过大型电站、三联供和太阳能结合的方式实现了多能源之间的互补和优化配置，保障了电力供应的安全性、可靠性和经济性。

  会展建筑综合集约的场馆集群和复合功能，使其成为人流高度密集的场所。展览园区的防灾防恐，建筑内外的消防救援、机电设备的稳定可靠，会议系统的高效畅通都面临十分严峻的挑战，尤其对电气及智慧设计有着极高的要求。高大场馆空间内消防设施之间的联动效应、应急照明和疏散指示以及备用发电系统等消防策略起着举足轻重的作用，而大型展览建筑的设计实践和经验则必将促成会展领域相关规范和标准的创新和发展。

华东院曾在不同时代设计过一大批具有国际影响力的会展项目，见证了诸多地方和国家级的展览盛会和重大会议活动。上海展览中心是华东院设计的第一个会展建筑，也是新中国成立后上海最早的标志性建筑；改革开放后原创设计了虹桥国际展览中心、上海世贸商城和光大会展中心等上海重要会展建筑；迈向新世纪又接连承担了青岛会展中心、重庆会展中心和南京国际博览中心等大型项目。以2010年上海世博会为契机，先后原创设计了世博中心、国家会展中心（上海）、东盟博览会商务综合体、中国国际进口博览会和中国花卉博览会场馆等重点工程项目。现正在设计杭州、西安、兰州、徐州、武汉等地新型会展中心，标志着华东院会展建筑设计走在了国内的前列。

本书充分依托这些丰富的设计实践为会展建筑电气及智慧设计提供了足资借鉴的宝贵经验和关键技术研究，对于提升和拓展会展建筑的技术进步和设计理念必将具有深远的意义。

华东建筑设计研究院有限公司资深总建筑师

2022年5月

前　言

　　现今，大型会展建筑既是贸易、聚会和交流的场所，也是国内外不同文化和理念传播的空间。经过世博会和进博会的成功实践，以及各地蓬勃发展的会展建筑建设，我国的大型展览建筑在功能定位、总体布局以及技术运用诸多方面不断以新的形式出现。但由于土地资源的宝贵，导致会展建筑呈现出高密度和集约化的布局。为实现非展期可持续的长效活力，具有复合功能的"会展建筑综合体"概念应运而生，随之产生的建筑多元化和复杂性则促进了设计创新和理念的转变，全国各地大型展览会的举办也成为引领建筑发展的有效载体。

　　华东院作为具有深厚历史底蕴的国内顶级技术平台，一直致力于国家级区域级重大项目建设，为社会和城市的发展奉献更好的建筑作品，助推人们生活品质的提升。华东院先后完成上海展览中心、虹桥国际展览中心、上海世贸商城、光大会展中心、青岛会展中心、重庆会展中心、南京国际博览中心、世博中心、东盟博览会商务综合体和杭州国际博览中心二期、国家会展中心（上海）、世界会客厅等重大会展建筑工程项目，取得非凡业绩。

　　时光荏苒，记得20世纪90年代起，我参与并主持了华东院承接的国内多项大型会展建筑设计与建设的实践工作，其中给我印象最深的就是上海世贸商城项目的前期机电方案设计，当时我们设计团队去了新加坡、中国香港等地区考察，最终我们选择电源采用二路35kV进线，建筑内10kV供电接线首次采用了环网供电以及变电所上楼等方案，项目建成后获得了业主的一致好评。2018年，上海为了举办进口博览会，对国家会展中心（上海）（四叶草）进行升级改造，印象特别深刻的是为了主会场和建筑立面的照明灯光效果，每天晚上在张俊杰院长的带领下，到工地现场调试灯光，同时还请来中国照明学会徐华副理事长一起讨论方案。2019年，作为进口博览会的配套工程，我主持世界会客厅的电气及智慧设计，该项目中采用3路市电+临时柴油发电机+UPS的供电方案，同时采用5G、智慧会议、智慧安保等新技术。当进口博览会胜利召开时，作为参与设计的一分子，我倍感自豪。在这些项目的电气及智慧设计和研究过程中，也先后整理出多项技术文件总结，并在权威期刊上发表多篇论文，积累了在会展建筑电气及智慧设计方面的丰富经验。

基于华东院院士、大师领衔的强大设计队伍和建筑原创能力，才给予我们机电专业实践的机会。作为华东院的一名电气工程师，我深感有责任和义务，将华东院强项的会展建筑项目进行总结和传承，以飨我国广大业内设计师同仁。本书中详细地阐述了会展建筑电气及智慧设计涉及到的关键技术，并汇集了华东院近年来多项原创重大会展项目优秀案例，供广大同行参考借鉴。

在本书编制过程中，得到了华建集团和华东院领导的大力支持，尤其是得到了张俊杰院长和汪大绥、汪孝安、郭建祥、周建龙等大师的指导和帮助。同时，各位编者都是华东院的技术业务骨干，他们为了本书的编制及顺利出版付出了辛勤的汗水和劳动，在此一并表示感谢！

由于编者水平有限，加之时间仓促，书中难免疏漏或不妥之处，欢迎读者批评指正。

2022年5月于上海

目　录

会展建筑电气及智慧设计关键技术研究与实践

第一篇 │ 研究篇

第1章　会展建筑电气及智慧设计要点

1.1　概述

21世纪以来，经济全球化的步伐进一步加快，各国之间商业贸易交往的体量和级别也在不断迈上新的台阶，在此背景下，催生了会展业的蓬勃发展，会展建筑作为会展业大系统下重要的组成要素之一，也成为城市建设中极具代表性的风光。现代会展建筑的发展使会展建筑的功能已经突破了以往仅仅作为展览和会议的局限，纵观本书中十多个项目案例，基本都是会展综合体建筑，其特点是体量大、功能多，通常汇集展览、办公、会议、商业、酒店及其他功能于一体的超大型现代化多功能建筑。相对其他建筑而言，往往具有以下特点：

（1）用电负荷大，变化大，临时性负荷多，对电源的可靠性、安全性、灵活性要求很高，同时需要有更为高效经济的节能策略。会展建筑所在的地域，以及定位对于用电需求密切相关。如国家级的会展中心，对应承接的展览项目更多元化，且展览级别更高。而对一些省会级城市或区域中心城市的会展中心，则承接的可能是一些区域市场或省内展览项目，具备地方特色，但对应的用电重要性、用电指标要低一些。

（2）物业管理界面复杂，构建电气系统时需充分考虑分期建设、分期开业，运营上应能灵活多变，即可拆分可组合的运营管理要求。

（3）参加展会的人员密度大，由于人员处于陌生环境，相应地造成应急疏散难度大、历时长，因此对建筑防灾救灾方面有更严苛的要求。

（4）项目品质高，需管理控制的设备多，变化大，对电气系统的可靠性、设备控制的便捷性等许多方面提出了更高的要求，要求搭建高效、稳定、先进的监控系统。

本书将从会展中心的负荷等级的划分、负荷密度分析、供电电压等级、区域能源、备用电源的选择、展馆配电室设置、机电管线路由设置、高天棚LED照明在展馆中的应用、主管沟尺寸分析、展馆屋顶光伏发电应用、能源供应、地面智能展位箱等方面介绍大型会展项目电气设计。从技术和经济方面分析，梳理出会展建筑的机电管路设置的优缺点，优选出LED高天棚灯具在展馆建筑的应用，以及智能展位箱的应用；结合"双碳"目标，充分发挥光伏发电系统在会展建筑中应用的优势。

会展建筑项目智慧设计及建设应紧密围绕当地"智慧城市"建设的总体战略，以先进信息技术广泛深入地应用推动会展经济发展、创新会展管理方式、提高会展服务效率，围绕建立"信息通信系统、信息技术应用、信息安全"为要求的智慧建设目标，促进会展建筑项目的信息化建设。会展建筑信息化应用及信息设施系统规划设计研究，是为了满足会展快速增长的信息通信服务需求，技术上具有前瞻性，架构上具有安全可靠性和可扩展性。通过全面、可持续发展为原则的规划设计研究，会展建筑信息化应用及信息设施系统将得到持续提升和适度超前，为会展信息化发展奠定坚实的物理基石。会展建筑信息化应用及信息设施系统技术顺应网络融合、业务融合、应用融合、行业融合的发展趋势，创新驱动，以加快提升信息通信系统技术水平和服务水平为主线，优先、领先发展会展建筑信息化应用及信息设施系统，为建设"智慧城市""智慧会展"，提升当地城市竞争力及国际竞争力奠定坚实基础。

会展建筑项目是人员密集公共建筑，安防系统包括防火、防灾、防恐。安全尤为重要，故而会展建筑项目的智能化安防设计不再是单纯的安保监控设计，而是从智慧安防、防恐角度进行考虑，主要内容包括了综合安全防护设计、人证比对设计、安全门系统设计、安检系统设计、防恐车底扫描系统设计、防恐升降柱车流管理系统设计、反无人机系统设计、展厅入口管理系统设计、客流分析设计、周界保护设计、管理人员室内定位设计、消防及联动控制设计、紧急广播系统设计、紧急呼叫系统设计、内部对讲系统设计、公安消防指挥对讲系统设计等内容，并通过智能集成平台，尽可能将各类相关信号或信息集中收集到安保总控中心及指挥中心，做到指挥中心统一调度、统一指挥、协同处警。

会展建筑项目会议系统设计，是在满足会展快速增长的会议需求的基础上，技术上最大限度地考虑利用当今先进、成熟、绿色具有发展前景的新技术。会议系统技术顺应计算机技术、通信技术、现代控制技术及信息显示技术，更好地满足会议系统的使用要求及管理要求，更好地满足会展建筑项目全国及国际贸易会展会议的需求，满足各种国内国际会议召开需求、全国及省会贸易会议召开需求、大型展览开幕式召开需求、各种国际及全国展览及配套会议召开需求、各种高端会议召开需求、大型国际性交流会议及学术论坛讲座等大型会议召开需求、各种产品发布会议召开需求、日常接待贵宾及贵宾会议召开需求及新闻发布会召开需求。从而使会议系统更好地服务于会展建筑，为提升当地会展业行业竞争力及国际竞争力奠定坚实基础。

1.2 电气及智慧设计要点

在会展建筑设计中，电气专业需要收资分析、难点解决的事项较多，如：供电电压等级、变配电站房位置、配电电缆路由规划、自备应急电源系统、高低压供配电系统构建、机电设备监控、能效管理，以及照明系统、防灾系统、防雷系统、能耗管理系统等设计。

从重要性程度来讲，会展建筑电气设计主要包括以下几个要点：

1.2.1 供电电源要求

供电电源应满足建筑物内各种设备的用电需求，应保障建筑物正常、安全运行，就会展建筑的供电电源而言，对其供电容量、电能质量、供电可靠性、安全性等提出更高要求，同时还应满足工艺负荷的特殊用电需求；通常会展建筑需要两路或多路110kV、35kV、20kV、10kV独立电源供电。由于会展建筑用电负荷有自身的明显特点，即在展会期间负荷会很高，而在休展期间负荷相对偏低，应根据这个特点搭建供配电系统。

此外，大中型会展建筑对消防、安全、运营等有特殊要求，除由不少于两个电源供电外，还应增设自备应急发电机组或移动式应急发电机组，作为市电电源中断时的后备应急电源。

1.2.2 自备柴油发电机组的电压等级

会展建筑一般占地广，供电距离长，合理选择备用电源——应急柴油发电机组的电压级别是很有必要的。

0.4kV的应急电源系统，具有投资相对小、配电系统简单，应急转换时间快等特点；一般在供电距离不超过300m，或者采用增大线路截面的经济性优势较大时，应优先选用0.4kV的应急发电机组；但当供电距离超过300m且采取增大线路截面积经济性较差时，柴油发电机组宜选择10kV电压等级。

1.2.3　物业管理界面划分

会展建筑项目往往体量大，有独立展览建筑，也有与其他功能楼栋组成建筑群。会展建筑通常包含多种业态，常见的有展览、办公、会议、商业、酒店等。当多种业态汇聚在一起时，各电气系统（包括供配电系统及各类监控系统）分界面划分是重点，尤其是在设计之初，物业运营界面尚未最终确定的情况下，设计要保留一定的灵活性；电气受界面影响较大的为供配电系统、应急柴油发电机系统及各种监控管理系统。

同样的，结合当前会展建筑项目建设特点，从开发、建筑、销售、管理等方面综合评估后确定机电系统及物业管理分设的方案更为合适。

1.2.4　会展建筑的疏散

会展内部是一个多元的组合体。内部交通流线复杂、人员多、临时人员对环境生疏，当发生灾情时，人员的疏散和营救的难度较大，需要大量有经验的管理人员及消防战士和成熟的预案来保障人员安全撤离。所以有效的协调和指挥救灾人员，可以最大程度降低灾害的损失。另外，展厅等大空间的疏散指示灯的面板宽度应按照规范要求设置大型灯具，疏散标志灯的安装位置以及尺寸应保证人员在任何位置都能看到。人员密集场所疏散照明的地面最低水平照度应按照规范要求或消防评审会要求的照度进行设计。

1.2.5　会展建筑的能耗

会展建筑的用能具有不确定性，随使用季节、布展类型、布展规模等而不同。传统常规建筑物进行水、电、气、热量等分类分项计量和计数，这种方法对会展建筑这类能耗大户而言，已经不完全适用，也不能满足绿色节能的建设需求。对计量数据进行后期管理、分析利用，动态优化运营策略才是能耗管理系统的首要功能。通过建筑能耗管理系统，还能获取建筑设备的运行状态、故障情况和应急处置。会展建筑能耗管理系统必须具备以下功能：数据收集、数据分析、能耗数据评估、优化建议、智慧识别，以及产生报表、工单派发，并最终实现节能决策、绿色定位和物业管理以及经济分析。

1.2.6　防雷系统

展厅屋面面积大，易遭雷击，且屋面大多为金属材质板或太阳能光伏板，设计师应充分利用金属屋面或光伏板的金属构架作为防雷接闪装置。不同金属材质所需厚度要求不同，须与建筑沟通以确保满足规定要求，金属屋面一般采用卷边连接或螺钉连接，以满足持久的电气贯通要求。对于非金属屋面（如玻璃等），按防雷要求设置接闪带或接闪杆。会展建筑展厅往往跨度比较大，防雷引下线需优先利用主体钢结构构件或幕墙主龙骨作为引下线。综合管沟、展厅主（次）管沟内设置等电位连接装置。通过充分利用金属屋面、钢结构主体及土建基础完成雷电的接闪、引下、接地，以提高建筑物的雷电防护效率，从而确保建筑物安全、人员活动安全及重要设备安全。

1.2.7 智慧设计

1. 智慧会展信息化应用及信息设施系统设计要点

智慧会展信息化应用及信息设施系统的总体定位应紧密围绕当地"智慧城市"建设的总体战略，以先进信息技术广泛深入应用推动会展经济发展、创新会展管理方式、提高会展服务效率，围绕建立"信息通信系统、信息技术应用、信息安全"为要求的智慧建设目标，促进规划好会展建筑项目的信息化建设，为助力"智慧城市""智慧会展"建设打好基础。

合理高效地规划宽带信息通信系统，并在此基础上构建各类智慧信息应用平台，实现信息服务的宽带化、多媒体化、智能化、个性化，形成发达和完善的智慧信息服务平台显得尤为重要。

会展建筑项目区域内通信服务对象大致包括：来自四面八方的客流、区域内的会展主办方及参展商、商务办公租户、商业餐饮、酒店客人、工作人员等。不同对象对通信的需求存在一定的共性和差别，共性主要体现在基础通信服务方面的需求，如：本地/长途/国际的固定和移动电话业务、宽带数据业务、智能终端业务等等；差别主要体现在高端用户对增值通信服务方面的需求，如：视频监控、视频会议、大数据接入互联、会展直播、安全而高效的信息交互平台等。不同用户的通信需求应进行分析，从而便于对信息通信系统进行合理规划。

目前信息通信系统的技术进入了新的发展阶段，出现融合、调整、变革的新趋势，宽带技术的日益普及、5G的加速发展建设。智慧会展信息通信系统规划设计还应考虑各种系统的共存及平稳连接。

1）从系统角度看

展览业信息通信系统网络将基于数字传输，并具有以下特征：

（1）宽带化，即网络从接入段、传输段到用户应用段都呈现宽带化。

（2）应用高速发展。

（3）展厅内有线通信网络需求在下降，无线通信网络应用及需求在不断上升。

（4）单一网络平台支撑多类业务，包括语音、视频及数据业务。

（5）多平台和传输网络的共存，包括无线网、电力网、有线电视网、DSL网、5G、WLAN、卫星、数字电视等。

2）从信息通信系统技术发展的总体趋势看

（1）在无线接入网方面，第六代移动通信系统是移动通信的发展方向，Wi-Fi6、WIMAX技术也成为宽带接入技术的一个热点，同时无线接入技术均朝着高数据速率、高性能、低比特成本、高移动性、大区域覆盖的方向发展。

（2）会展建筑局域网将基于宽带的高速数据传输方式，能满足多媒体的播放服务、导览服务，传播重大新闻，实现网上实时新闻同步。

在信息化应用上建立智慧信息化服务平台，服务于内部办公自动化（会展建筑展览事务管理、物业运营管理、公共服务管理、票务管理、网络安全管理等应用）。

信息化助力智慧会展建筑增强区域办公、展览、文化等信息的整合、传播与交互；智慧会展建筑对展览信息、公共服务获取的一体化要求很高，因此需要利用信息化整合会展建筑内的信息获取、公共服务提供环节，满足展商及观展客人便利性的要求；信息化解决方案能够有效支撑整个智慧会展建筑区域内安全便捷地管理。

依托运营商建立智慧云计算数据平台，开展云计算应用软件服务，增强业务性能，降低业务提供成本，降低终端要求；开展云计算平台环境服务，统一平台架构，开放平台能力，引入外部开发创新力量，形成生态系统；开展云计算基础设施服务，低成本、大规模、高效率提供IT基础设施。

建立智慧管理云系统：设立网上博览会，可分为线上预展、在线展、后期延展。同时每次线上展览都可进行留档，以便回顾及会展调研分析。利用全景摄影机终端设立主要展厅展区全景网上博览会。

无线网络：满足无线综合平台功能：系统将与信息系统建立共享平台，使参展观众在观展现场通过智能移动终端利用短信及APP获得会展建筑展会信息、各展厅甚至各展位的各种展览信息。满足无线上网功能：会展建筑内展商、游客可以在展厅和公共等各功能区域内通过无线覆盖，访问互联网内容。满足区域管理功能：管理人员可以通过无线网络接入内部办公系统，实现随时随地的物业管理、内部办公。满足独立VPN功能：通过无线的手段，可以灵活、高效、动态地组成一张虚拟专用网络，方便各群体之间的互联互通。

建立电子票务系统：票务系统具有全方位的实时监控和管理功能；杜绝了因伪造门票而造成的经济损失；可有效杜绝无票人员进场，加强了场馆的安全保障措施；能够准确统计观众流量、经营收入及查询票务，杜绝了内部财务漏洞，对提高场馆的现代化管理水平有显著的经济效益和社会效益；通过对人员不同身份的归类划分，提供信息归类和可利用的增值服务；通过长期的数据积累分析，可累积相关行业的市场动态数据资料；更可在提高观众满意度、改善观众体验等方面得到突破。

智慧会展电子票务系统由会展建筑网站、网络、终端制售票和验票系统组成，管理中心对所有的统计数据及门票的交易数据汇总处理，其业务流程环节可以分为：统一授权管理、分点制售票、门禁系统验票、汇总统计分析、财务结算等。票务系统包括：制票子系统、售票员售票子系统、在线售票子系统、验票稽查子系统、观众记录子系统、运维子系统（包含统计分析）、系统维护子系统。

2. 语音业务设计要点

根据工信部的统计数据，近年来固定语音业务，无论是用户数还是语音量都呈明显下降趋势，其主要原因是移动语音对固定语音的分流加剧、全业务环境下固定语音业务低值化，未来随着通信技术的发展和3家全业务运营商的充分竞争，这一趋势还将继续延续。会展业同样存在以上变化，会展业的固定语音业务需求在不断下降。

对于各类型建筑可根据不同的用途来确定固定语音业务分布密度的差异，以建筑面积为根据，结合现状资料进行设计和测算。

3. 宽带接入业务设计要点

考虑到三网融合及运营商整合，运营商在宽带业务上呈现竞争态势，可以预见未来宽带接入服务将达到更高层次的要求，运营商资费、选择权、接入方式和服务水平将更为灵活多变。

规划设计将采用多运营商、多种宽带接入方式，主要有FTTX、WLAN等接入方式，根据各类用户不同需求提供不同宽带接入方式，满足用户宽带接入的需求。

对于出租办公用户采用PON技术光纤接入到用户，对于展厅有高质量互联及出口带宽或数据专线VPN要求的及对会展现场有直播需要的用户采用光纤接入到用户。

从技术角度来看，全光纤网络将是宽带接入技术的发展方向，"光进铜退"是通信发展的必然趋势，未来宽带PON技术将在EPON和GPON间抉择。EPON技术相对成熟，成本低，在目前更适于提供光纤接入解决方案，但GPON的高传输速率、高效率的多业务承载能力、强大的OAM功能和扩展能力，决定其在未来光纤接入网中有较好的发展前景。

4. 网络系统设计要点

会展建筑局域网将基于宽带的高速数据传输方式，能满足所有的业务应用。

会展建筑计算机网络系统根据使用者和功能分为会展中心信息网（外网）、会展中心管理网（内网）和会展中心安防及设备管理网。

在会展建筑网络设计构建中，应始终坚持以下建网原则要点：实用性、时效性、可靠性、完整性、技术先进性和实用性、高性能性、标准开放性、灵活性及可扩展性、可管理性、安全性原则。

5. 网络安全系统设计要点

会展建筑网络安全系统也是非常重要的。通过会展建筑网络系统安全保护的建设，可以完善会展建筑的网络安全，配合流量清洗、访问控制等安全措施，结合安全加固等手段，进一步提升对DDOS、漏洞攻击等安全攻击的防护能力，有效提升安全事件监测水平，做到对安全事件的追踪和审计。

通过对会展建筑信息系统网络进行区域划分设计、网络安全防护设计等，同时加强网络安全综合审计，全面提高网络和通信层面在访问控制、抗攻击、病毒检测、入侵防御等方面的安全防护能力；通过对会展建筑的主机（服务器、数据库和终端等）安全进行系统加固，加强补丁管理、入侵防范和病毒防护措施，实现终端安全管理，提高系统主机安全层面的安全防护能力；通过对应用系统及数据安全方面提出安全要求，提升系统应用安全、数据安全的防护能力。

6. 无线对讲系统设计要点

会展建筑项目应设置物业及管理用无线对讲系统。

大型会展建筑内部人员众多，地形复杂，当发生紧急情况时，人员的疏散和营救更将会是巨大的工作量，需要大量有经验的管理人员及消防战士和成熟的预案来保障人员撤离。所以有效的协调和指挥救灾人员，可以最大程度降低灾害的损失。

大型会展建筑建议设置消防对讲系统，整个系统软硬件的设计应符合在消防救灾的苛刻环境中保持良好的工作状态。在满足系统功能及性能要求的前提下，与物业及管理对讲并网融合，尽量降低系统建设成本。在快速操作处理突发事件上有较高的时效性，能够满足消防联网指挥的统一行动。系统应具有操作简单，实用性高，系统具备自检、故障诊断及故障弱化功能。系统应具备为各种升级功能提供接口，例如GIS电子地图、终端监控、智能调配等系统，可以实现与消防报警系统的互联互通。并应具有与其他信息系统进行数据交换和数据共享的能力。建设融合指挥视频调度系统，突破有线电话、视频会议、宽带图传、5G、自组网等不同通信网络的原有边界，通过安全互联的方式实现音视频通信、数据通信和位置信息等通信业务的融合，为各类应用系统提供统一通信服务，构建上下联动、横向协同、扁平高效、随遇接入、安全可靠的融合指挥信息化体系。

7. 移动通信业务设计要点

公用移动通信网络根据环境特征及业务需要，可以采取各种灵活的覆盖解决方案。常用室外覆盖手段包括宏基站、射频拉远、微基站、直放站等，室内则采用室内分布式覆盖系统，并应考虑5G网络的覆盖建设。

室内覆盖系统的设置，主要考虑在建筑内部、地下空间等，一方面对覆盖不足的区域进行加强，同时分流高密度区域的话务。室内覆盖系统应该通过多网合一的方式，将不同系统的信号合路后共用室内分布系统，满足公用移动通信、专用无线通信、无线局域网等不同无线通信系统的综合接入需求，在实际建设中需要考虑各系统电磁兼容问题，避免相互干扰。

会展建筑项目预期对5G数据业务密度及应用需求极高，应更好地进行5G的覆盖与应用。

由于5G室内分布系统是采用千兆光纤接入到终端的方式，采用小功率密覆盖的方式，系统内的PRRU终端均需要采用独立光纤接入，比传统室分方式点位要密集，应在项目建设期间同步进行5G建设。

8. 广电业务设计要点

在国家积极推进"三网融合"的背景下，有线电视网络正向多元化、数字化、多媒体、多功能和交互式方向发展，各地区正积极进行体制改革，资产重组，各运营商正积极探索适合市场发展特点的融合模式，发挥自身互动高清电视业务的优势，为终端用户提供高质量的信息化服务。

会展建筑项目内的各用户单位需要通过广电业务来获得相关的信息，特别是在三网融合的大背景下，用户得到的将是更多丰富多彩交互式资讯、娱乐以及快捷便利的信息化服务。

在国家三网融合政策的背景下，可以为用户提供包括高清互动广播电视的同时，提供互联网接入业务、互联网数据传送增值业务、国内数字电话业务。

9. 无线城市、无线会展设计要点

无线城市是一种城市发展理念，利用无线技术或者手段来对网络进行覆盖，提供无线接入的服务，提升整个城市的信息化水平。

会展建筑应规划进行Wi-Fi覆盖，Wi-Fi的建设应遵循"积极部署、有效覆盖、集中管控、资源共享、调整优化"的总体原则。对于结构较简单、覆盖范围接入用户密度大、容量要求高的区域如展厅采用AP直接覆盖方式。对于覆盖范围较大、接入用户分散，对容量要求不高的区域，如办公楼、酒店等单体的全覆盖选用室内分布系统方式。

10. 应急通信设计要点

根据会展业的特性，会展建筑在大型会展时会有极端大客流、大话务量出现的可能，根据我国移动通信应急系统相关规范及各类应急过程中的经验，在使用移动通信应急车时，规划预先制定应急响应方案，预定应急通信车停放位置，选择好车辆进出通道。在应急车停放处应能尽量提供稳定交流电源和接地接口，停放位置附近应有通信管线及人井，方便传输接入。

根据会展特性，在重大会展活动客流极端高峰情况下，运营商应急通信保障方案必不可少。

11. 电视转播设计要点

为方便会展建筑今后进行重大活动电视实况转播，规划设计预留电视转播专用桥架及预埋管，预留转播车的电源、接地、网口、回传光缆等接口。

转播车辆及停放位置应考虑大型新闻转播车的停放点及大型转播车辆所需的供电量的考虑。

信号传输方式：信号传输方式分为光纤、微波和卫星传送三种方式，在各转播车邻近可设立一光缆接口箱，为广电系统电视转播信号传输专用，光缆接口箱设置专用单模光纤及必要的网络连接接口。

12. 多媒体信息发布设计要点

个性化多媒体信息发布系统由控制中心的服务器系统和显示屏终端的终端系统组成，这是一套通过局域网将登录发布到控制中心的多媒体内容发送到终端，并根据显示时间表，在各显示设备中进行自动播放的节目发布/显示系统。在会展中心播放入场须知，展会介绍，开放时间，节目安排等等综合导览信息。实现文字、图片和视频内容的混合播控。实现精确到每一个终端屏幕的智能化多媒体和视频节目的播出。显示屏可显示各展厅人流统计系统数据，系统加强广告投放，提高运营效益。

13. 智能化系统集成设计要点

大型会展建筑智能化系统集成平台打通传统场馆和楼宇相关系统，通过IoT技术集成智能感知设备，打通子系统之间、设备之间的信息交互，采集静态、动态数据，构建四维数据体系。

利用大数据、云计算、人工智能、人脸识别、语音识别、传感技术等高科技技术，在场馆建筑的全生命周期里，实现展览、建筑、设备、人、环境的生态融合。

大型会展建筑智能化数据集成系统充分考虑到子系统的集成及扩展需求，预留系统接口，可将消防、安保、楼宇自控系统、IoT系统等大楼内信息化系统互联，各级智能化集成系统之间的实时数据、控制命令和标准通信协议等由智能化设备支持。

大型会展建筑智能化系统集成可对各智能化子系统进行控制，集中式统一管理和监控，集成后的平台是开放的系统，不同子系统和产品之前接口协议可实现互操作，可接入安防系统、能耗监测管理系统、BA系统、客流统计系统等系统。

各被集成系统需提供开放数据接口和协议以支持系统集成，各被集成系统都具有独立的硬件结构和完整的软件功能，在实现底层物理连接和标准协议之后，由平台实现的信息交换和共享。

系统可实现环境可视化、建筑可视化、结构可视化、区域可视化、智能供电供水照明可视化、弱电设备可视化、环境监测可视化等功能。

14. 会展建筑公共安全系统设计要点

大型会展建筑项目是人员密集公共建筑，安防系统包括消防、防火、防灾、防恐安全尤为重要。大型会展建筑项目的智能化安防设计，不再是单纯的安保监控设计，而是从智慧安防、防恐角度进行考虑，主要内容包括了综合安全防护设计、人证比对设计、安全门系统设计、安检系统设计、防恐车底扫描系统设计、防恐升降柱车流管理系统设计、反无人机系统设计、展厅入口管理系统设计、客流分析设计、周界保护设计、管理人员室内定位设计、消防及联动控制设计、紧急广播系统设计、紧急呼叫系统设计、内部对讲系统设计、公安消防指挥对讲系统设计等内容，并通过智能集成平台，尽可能将各类相关信号或信息集中收集到安保总控中心及指挥中心，做到指挥中心统一调度、统一指挥、协同处警。

15. 综合安全防护视频监控系统设计要点

视频监控系统应实现"整体布局网络化、局部区域闭合化、重点区域全摄入、重要部位全覆盖"。

大型会展建筑项目系统应利用三维视频融合平台的智能分析、三维、VR、融合、检索等技术实现安全态势感知和异常报警功能，提高指挥能效。

大型会展建筑项目视频监控系统可与省市智慧公安进行联网对接。

大型会展建筑项目视频监控系统功能要求要点如下：

严格执行相关标准和规范，实现区内图像资源接入、共享，形成规模效应，并实现与上级省市级公安图像联网平台的对接。

采用高清视频监控联网系统，扩大和增强视频监控覆盖范围密度，实现区域内的监控全覆盖。面对大型会展建筑项目人员规模大、车流量多、物品复杂的特点，应采用新型的智能检测技术，获取有关人员、车辆、物品的相关信息，通过比对、大数据分析，将可疑的人、车、物阻挡在防线外，不使之有机会威胁到会展中心内部安全。

为满足视频监控业务应用需求，应设置视频IP交换专网，保证大量高清视频监控的联网需求。

面对大流量的车辆、人员，如何有效梳理、诱导，避免堵塞、聚集引起的混乱，是安保成功的重要保证。可利用大型会展建筑项目全覆盖的智能前端设备以及后端智能分析设备，加强数据的采集和分析研判，实现对实时数据统计、异常情况预警、智能指挥调度的多重应用，保证安保工作的有效管理。

对各类智能前端的设备运行状态进行实时监测，自动对前、后端设备的工作状态进行远程巡检，自动识别比较简单的故障类型，具备故障自动告警和日志记录等功能。实现IT运维监控，实现对网络、应用系统的全面监控，建立起统一、完善、科学的运维管理流程，逐步实现运维模式由被动式支持转为主动式服务，最终实现一体化的运维监控和管理体系。通过网络对系统设备进行远程升级维护，如智能前端算法的调度、升级、远程软件升级、用户权限更改、中心系统设置配置等。

对前端智能采集设备所覆盖区域的人、车、物等进行场景图片、特征图片及结构化数据的采集和识别，实现半结构化数据的结构化转换。对前端智能采集设备所覆盖区域的特定行为及异常事件等进行检测，并提取视频片段、场景图片及结构化报警数据。针对人、车、物、事件等属性特点，能通过数据挖掘的方式分析其通过多个智能前端的位置，确定相应相互关系，锁定人、车、物轨迹以及相应事件的规律。利用大数据系统开放、共享、兼容的特点，灵活开展不同业务系统之间的数据碰撞，智能拓展跨业务系统的多元化应用功能，提升系统的监控成效。

在室外展场，场馆周边公共区域内可采用全景融合摄像机，构建三维全景监控指挥体系。

在总控室可部署机器人系统，可采用"机器人巡逻+中控室+固定摄像头"的方式，机器人代替部分工作人员，执行长时性巡逻任务以及初步的现场告警，可以实现无死角监控，可以补充固定摄像头不足，实现多元化管控。机器人上安装各种先进的传感器，用于自动探测各种异常情况，实时获取现场情况。实时反馈高清视频、人脸设备、环境信息、异常情况等各项数据到相应平台协助进行调度指挥。

16. 防恐升降柱车流管理系统设计要点

大型会展建筑项目在出入口应设置防恐升降柱车流管理系统。升降柱车流管理系统要求在设计和施工中采用成熟、先进、可靠、安全的技术，同时考虑到功能需求的变化和应用技术的快速发展，确保本项目技术先进、实用可靠、经济合理。

17. 防恐车底扫描系统设计要点

大型会展建筑项目在有国家领导人或重大国际会议召开时应设置防恐车底扫描系统。防恐车底扫描系统是自动检测车辆并对车辆底盘进行图像采集、显示、拼接、抓拍汇总、比对报警、自动环控为一体的系统。该系统在车辆经过出入口时，通过车底盘线阵扫描成像系统对当前车辆进行底盘图像信息采集；在车辆通过后，将车底盘图片传输到主控台，并在系统软件管理平台界面显示，方便检查人员进行底盘异物识别。同时通过视频分析自动提前车辆信息，然后将车辆车牌信息和车辆车底盘图片自动匹配存档。能够有效防止车底盘藏匿炸弹、武器、危险品。

18. 人证比对系统设计要点

大型会展建筑项目在展区所有出入口应设置人证比对系统，通过对通行人员的人脸进行人证比对识别，实现进出展区的人员出入口控制的管理功能。前端设备在做人证比对时，同时将人证比对信息上传给平台人脸库或公安网身份信息库，由人脸识别服务器的动态人像算法进行人脸特征数据提取，配合后端人像数据库，实现人脸黑名单布控，将危险人员隔离于展馆范围外。

19. 客流分析系统设计要点

大型会展建筑项目可通过在馆内建设客流分析系统，及早布控，统计全馆总人数、单馆总人数、实时在馆人数、在馆人流密集情况、人流在指定区域内的驻留时间等情况，掌握馆内客流动向。

平时可通过客流分析系统，合理调整观展流线，平衡各展厅观众数量，减少人员密集，降低安全隐患。

在突发情况下，可方便大型会展建筑项目指挥中心协调现场警力、指挥、决策。

20. 室内人员定位系统设计要点

大型会展建筑项目为了实时掌控现场警力部署，可建设人员定位系统，系统可采用多种无线定位技术，通过定位基站实时拾取警员携带的微标签（胸牌等）或智能终端等位置信息，实时了解警力部署、获取警力保障轨迹，形成电子围栏，执行告警任务。微标签或智能终端上还应具有紧急报警按钮，当发生突发情况时可触发报警事件，提示报警地点。

21. 反无人机系统设计要点

大型会展建筑项目如有重大活动或国家及国际重要领导人参加，为更好地进行安全保障，可建立反无人机系统。

反无人机实施目的：

近年来，随着无人机数量和应用的爆炸式增长，无人机"黑飞""乱飞"问题日趋凸显，频频发生无人机扰航、非法偷拍、甚至恐怖袭击等安全事件，给人们的生产活动及社会公共安全造成了越来越严重的困扰。由于无人机"低""慢""小"（低空、慢速、小目标）等特点，城市复杂环境下的无人机管控难度非常大，其中核心技术难点在于对无人机的有效预警、识别、定位及跟踪。传统手段如雷达、光电和无线电测向都难以应对复杂的环境，也很难实现大规模组网、大区域无缝覆盖。

本系统的建立，主要针对建筑周边常态性的无人机检测系统，区分为侦测与干扰两种类型的天线组合而成，通过侦测天线收集周边设定范围内的无人机信息，并进行鉴别，特定时间及范围内，可根据实际需求，阻止无人机抵近区域范围内。

22. 会展建筑智慧会议系统设计要点

大型会展建筑项目大型会议一般由主会场、贵宾厅、圆桌会议厅、多功能厅、中小会议厅、中宴会厅、大宴会厅、序厅、新闻中心及各功能区的后勤辅助设施区等组成，主要以满足业主各种业务会议使用需求，要求实现多媒体会议系统智慧管理为目的的建设思想。保证系统建设遵守高可靠性、高安全性、先进性、实用性、可持续发展性、易管理维护性、开放性和舒适性等原则目标。系统设计需要充分利用网络技术、数字技术的优势，实现各种智能系统之间的数据互联互通、共享以及功能联动、可视化管理的智慧多媒体会议系统。

大型会展建筑项目智慧会议系统一般作为直辖市、全省、全国及国际贸易会展会议的配套，需满足各种国内国际会议召开需求、全国及省会贸易会议召开需求、大型展览开幕式召开需求、各种国际及全国展览及配套会议召开需求、各种高端会议召开需求、大型国际性交流会议及学术论坛讲座等大型会议召开需求、各种产品发布会议召开需求、日常接待贵宾及贵宾会议召开需求及新闻发布会召开需求。

大型会展建筑项目智慧会议系统无线化技术应用、网络化技术应用及无纸化多媒体技术应用应成为智慧会议系统的主要发展方向。

无线化技术应用采用数字红外无线会议系统。建设时可考虑在每个会议室内安装数字红外收发器，考虑会议室众多，会议单元可以在需要时流动使用，使设备得以共享。

网络化技术应用主要实现信息和设备的交互和共享，实现文件、多媒体信息以及外部资源共享；实现会议预约管理系统对各个会议室进行预约管理，通过基于以太网的多用户房间管理平台，在服务器配置房间预约管理系统之后，用户可以通过局域网内电脑登录系统进行查询、预约，对每个会议室进行预约管理控制。

无纸化多媒体技术应用可采用全电子模式运作会议管理，以减少纸张消耗、提高会议效率。采用多媒体显示屏对大量多媒体信息交互控制显示，如会议资料、电脑文件、多种视频信息等，无纸化多媒体会议系统终端并集成了视频显示、视频对话、视频摄像、指纹识别等多种功能在LCD触摸屏上。无纸化多媒体技术应用将成为大型会展建筑项目绿色会议系统的设计理念。

1.2.8 会展高大空间的消防

鉴于会展展厅空间高大，热烟羽流在上升及蔓延过程中将会卷吸大量空气，产生大量烟气的同时，造成烟气层温度、浓度大大衰减，容易发生烟气沉降、弥散现象，夏季时还易出现热障效应。因而传统的顶棚安装的点式感温或感烟探测器都难以正常启动，需选择图像型火灾探测器、极早期空气采样探测器、红外光束感烟探测器等。

另外，会展建筑每次办展，就意味着展台的搭建和拆除，特别在布展阶段，展厅内会出现大量的临时用电，极易引发电气火灾；搭建物也容易遮挡火灾探测器，影响正常工作，因而需充分考虑采取对应措施。

1.3 术语

1. 会展（展览）建筑空间

（1）展览 exhibition

对临时展品或服务的展出进行组织，通过展示促进产品、服务的推广和信息、技术交流的社会活动。

（2）博览会 fair

（展览）在一定地域空间和有限时间区间内举办的，以产品、技术、服务的展示、参观、洽谈、贸易和信息交流为主要目的的，有多人参与的群众性活动。

（3）展览建筑 exhibition building

进行展览活动的建筑物。

（4）会展场馆（展览场馆） convention/exhibition center

举办会议和展览活等活动的场地。

（5）展览空间 exhibition space

展览建筑室内和室外所有用于展览的区域总称，包括展厅和展场。

（6）展厅 exhibition hall

用于陈列展品或提供服务的室内空间。

（7）展场 exhibition ground

用于陈列展品或提供服务的室外场地。

（8）展位通道 exhibition passage

展位之间和四周的交通走道。

（9）展览面积 exhibition area

展位与展位通道所占展览区域的面积。

（10）公共服务空间 public service space

为观众提供商务、购物、休息、娱乐、交通等配套服务的区域。

（11）仓储空间 storage space

储藏展品、用品及相关设施的区域。

（12）展方库房 exhibiter's storeroom

供参展方存放展览用品的区域。

（13）管理方库房 administrator's storeroom

供管理方存放非展览用品的区域。

（14）辅助空间　auxiliary　space

提供行政办公用房、临时办公用房、设备用房等的区域。

（15）行政办公用房　administrative office

供管理方办理行政事务和从事各类业务活动的办公室。

（16）临时办公用房　temporary office

供展览主办方工作人员使用的办公室。

（17）展沟　exhibition channel

用于敷设展览使用的电气、信息、水及压缩空气等管线的沟道，包括主沟、辅沟、地面电气沟。

主沟一般为通行管沟，沟内敷设配电干线电缆、信息主电缆、给水主管线和气体主管线，也称综合设备管沟。管沟一般设管沟盖板，沟内敷设配电支线电缆、信息电缆、给水支管线和气体支管线，也称设备辅沟。地面电气沟是沿地面设置的，设有盖板的电气浅沟，沟内敷设能满足不同使用要求的配电电缆、信息电缆。

2. 布展

（1）布展　exhibits arrangement

在展览空间内，为展示或提供服务而布置、搭建布置构件、进行装修装饰等活动的总称。

（2）展位　exhibition booth

展会上用来展出商品和图片的单位空间。在展览空间内，用于陈列展品或提供服务的单位空间，也称作摊位。它分为标准展位和特装展位。

（3）标准展位　standard exhibition booth

满足展览要求的标准展示单元，尺寸为3m×3m。

标准展位一般以铝合金为基本材料，由柱子和板材及连接的龙骨拼合而成，国际标准展位的尺寸一般为3m×3m，可以根据现场情况自由组合成合理的尺寸（如3m×6m、6m×6m、9m×9m），也可以根据展示的需要进行变异组合。

（4）特装展位　special exhibition area

在展览空间内，用于陈列某一题材的展品或提供相关服务，且相对独立布置的区域，也称特殊展示区域。

（5）全封闭式展位　enclosed exhibition area

四周隔断的围合度大于75%，且有固定顶棚与其他展览空间分隔的特装展位，也称全封闭展示区域。

（6）半封闭式展位　semi-enclosed exhibition area

四周隔断的围合度大于75%，但无顶棚与其他展览空间分隔的特装展位，也称半封闭展示区域。

（7）双层展位　double-storey exhibition area

采用布展构件临时搭建，层数为两层的特装展位。

（8）疏散出口　emergency exit

展位通向安全出口或疏散通道的出口，包括疏散门（洞）、坡道、楼梯。

（9）疏散主通道　main evacuation aisle

展厅内连接两个安全出口之间的疏散通道。

（10）疏散次通道　subordinate evacuation aisle

展厅内连接展位与疏散主通道的通道。

（11）布展构件　components for exhibits arrangement

布展中搭建展台、辅助用房或为支撑布景、展品、展项而使用的构件。

（12）参观步道　visiting walkWay

在布展中设置的专供参观者行走、不设阶梯的步行通道。参观步道有架空参观步道、封闭式参观步道，还有自动人行步道。

（13）临时展棚　temporary exhibition building

展场中供展览使用的临时搭建的建筑物。

（14）临时展位　temporary exhibition booth

展览期间临时使用的展位。

（15）轻型展　light exhibition

轻工业产品的展览。轻工业产品是指食品、纺织、皮革、造纸、日用化工、文教艺术体育用品等。

（16）中型展　medium exhibition

一般工业产品的展览。一般工业产品是指普通机械、电气、电子设备等。

（17）重型展　heavy exhibition

重工业设备及产品的展览。重工业设备及产品是指汽车、机床、化工等。

（18）展览设施　exhibition facilities

为展览提供的设备及展位、展台、展柜等装置的总称。

（19）闸口机　gate machine

设置在观众入口处的自动检票装置，具有验票及流量统计等功能。

3. 展览组织与服务

（1）会展业　convention/exhibition industry

从事会议、展览等活动并提供相关服务的行业。

（2）会展活动　project and process of operating convention/exhibition

会议、展览等活动的具体项目及其组织实施这些项目的过程的总称。

（3）会展业主管部门　administration department of convention/exhibition industry

负责会展业管理的各级政府部门。

（4）会展业中介组织　intermediary organization of convention/exhibition industry

在会展业中，商会、协会、学会、研究会等社团。

（5）会展活动举办单位　organizer of convention/exhibition project

会展活动项目的具体组织者。

（6）主办单位　organizer；sponsor

策划、运营展览会，拥有并对展览活动承担主要责任的组织。

（7）承办单位　co-organizer

受主办单位委托，承担、协助、参与展览会策划与运营的组织。

（8）参展商　exhibitor

签订参展合同，履行合同义务，拥有展台使用权，在展览活动中展示其产品、技术和服务的组织者或个人。

（9）会展工程服务商　service provider of designing and building booth or venue

为会展活动所用展台、场地的布置设计与搭建工程提供服务的供应商。

（10）会展器材制造商　producer of material and apparatus for booth

展台等会展活动搭建所需器材的生产制造企业。

（11）招商　visitor promotion

（展览）邀请可能成为观众的个人或团体参加展览会的活动。

（12）招展　exhibitor promotion；exhibition acquisition

邀请可能成为参展商的组织参加展览会的活动。

（13）展览服务商　exhibition service provider；vender

为展览提供服务的组织。展览服务商提供的服务可包括展台搭建、展品运输、广告代理、观众登记、会务、餐饮服务等。

（14）主场服务商　official service provider

由主办（或承办）单位指定并委托，为参展商提供现场服务的组织。主场服务商提供的服务包括展览秩序维护、现场搭建管理、展品进出馆、参展商（观众）服务、交通客流疏导、展览租赁服务、现场安全保障等，以及展览组织机构授权或委托的其他工作。

（15）现场服务　field service

展览会期间，主办（或承办）单位和展览服务商在展览场所向参展商和观众提供的各种服务。

（16）布展工程企业　building firm

从事展览会或会议活动中展示空间的策划、设计和实现，承担形象广告宣传、空间展示是设计和搭建、维护的法人企业。

（17）展览物流服务　exhibition logistics service

为客户参加展览活动提供专项或全面的物流系统设计或系统运营的物流服务模式。

（18）展览租赁服务　exhibition rental service

在约定时间内，为展览提供相关设施服务、器材等租赁服务，并收取相应费用的服务活动。

（19）展览广告服务商　exhibition advertising service

为满足各方需求所实施的一系列广告宣传活动过程及其产生的结果。

（20）两型展会

以节约资源、环境保护、绿色低碳为目标，在一定地域空间和有限的时间内举办的，以产品实物、图片、视频、技术、服务的展示、参观、现场洽谈和信息交流促进合作为主要目的的展览等活动。

4. 展览建筑电气

（1）展览用配电箱（柜）　distribution cabinet for exhibition

专为展览设施提供电源的配电箱（柜）。

（2）区域配电箱　regional distribution box

在展厅内按分区设置的配电箱。

（3）展位箱（也称智能展位箱）　exhibition booth box

设有配电连接器和数据、音视频等信息接口的接线箱。配电连接器是指工业连接器。

（4）综合展位箱　integrated exhibition booth box

设有配电连接器、信息接口以及用水点、压缩空气接口的接线箱。有特殊展览需求时，需设有用水点、压缩空气接口。

（5）展位电缆井　exhibition booth cable well

设在展区内的配电、信息电缆小井。

（6）临时电气装置　temporary electrical installation

与它相关的展位或展台同时安装和拆除的电气装置。

（7）临时电气装置电源点　origin of the temporary electrical installation

从永久装置或其他供电电源输出电能的交接点。

第2章　会展建筑供配电系统

2.1　负荷分级

2.1.1　负荷分级原则

（1）会展建筑用电负荷等级的分级与会展建筑规模、单个展厅的等级、展览会的等级相关，通常会展建筑规模越大、单个展厅的面积越大、未来举办专业性展览会的等级评级越高，其负荷等级相应要高一些。

（2）会展建筑的附属用房，比如会议中心、办公、酒店等的负荷等级，可以参考《民用建筑电气设计标准》GB 51348—2019附录A中的对应负荷等级。

2.1.2　会展建筑典型负荷分级

（1）会展建筑按照总展览面积可以分为特大型、大型、中型和小型；展厅等级按照展览面积分为甲等、乙等和丙等。

（2）用电负荷分级可根据《会展建筑电气设计规范》JGJ 333—2014表3-2.1以及《民用建筑电气设计标准》GB 51348—2019附录A，如表2-1所示。

会展建筑主要用电负荷分级　　　　　　　　　　　　　　　　　　　　　　　　　　　表2-1

会展建筑规模	展厅等级	主要用电负荷名称	负荷级别
特大型	—	应急响应系统	一级 *
	—	客梯、排污泵、生活水泵	一级
	—	展厅照明、主要展览用电、通风机、闸口机	二级
大型	—	客梯	一级
	—	展厅照明、主要展览用电、排污泵、生活水泵、通风机、闸口机；中型会展建筑的客梯	二级
中型	—	展厅照明、主要展览用电、排污泵、生活水泵、通风机、闸口机；中型会展建筑的客梯	二级
小型	—	主要展览用电、客梯、排污泵、生活水泵	二级
—	甲等、乙等	安全防范系统、备用照明用电	一级
—	丙等	备用照明及主要展览用电	二级
—	—	珍贵展品展室照明及安全防范系统用电	一级 *

注：负荷分级表中的"*"为一级负荷中特别重要的负荷。

（3）会展建筑中会议系统用电负荷分级根据其举办会议的重要性确定。

（4）会展建筑中消防用电的负荷等级应符合现行国家标准《供配电系统设计规范》GB 50052、《建筑设计防火规范》GB 50016和《民用建筑电气设计标准》GB 51348的有关规定。

（5）对于具有特殊要求的用电负荷，应根据实际需求确定其负荷等级。

（6）案例分析：兰州某会展项目，为会展复合业态的多功能综合体，基地东西长1126m，南北长200m，总建筑面积15万m²，建筑高度约20.57m。项目分为两期建设，其中1~6号馆（称为A展厅）为一期建设，7~12号馆（称为B展厅）为二期建设。按多层公共建筑规范执行。A展厅面积在6000~6800 m²。

该项目属于特大型会展建筑，展厅等级是乙等。该项目的负荷等级如下：

① 一级负荷：展厅的主要业务和计算机系统用电，安防系统用电，电子信息设备机房用电、客梯、排水泵和生活水泵用电；展厅备用照明。其中应急响应系统属于一级负荷中特别重要的负荷。

② 二级负荷：本工程中的消防用电（含消防控制室用电、火灾自动报警及联动控制系统、消火栓泵、喷淋泵、防火卷帘、防排烟风机、消防电梯、消防应急照明和疏散指示系统等）；展厅照明、主要展览用电、通风机、闸口机。

③ 三级负荷：其他负荷。

2.2 负荷计算

2.2.1 需要系数法

（1）根据《会展建筑电气设计规范》JGJ 333—2014第3.2.4条，会展建筑的电气负荷宜根据轻型展、中型展、重型展的需求，在方案阶段采用单位指标法进行计算，在初步设计和施工图阶段采用单位指标法结合需要系数法进行计算。

（2）一般会展中心每年都有不同产品多种展会，负荷变化较大，应以当地所办不同产品多种展会中最大所需用电负荷确定实际所需用电负荷，工程中当无法取得调研数据时，可参看下列数据确定轻型展、中型展、重型展负荷密度取值。

① 轻型展按（50~100）W/m²计算。

② 中型展按（100~200）W/m²计算。

③ 重型展按（200~300）W/m²计算。

（3）一般情况下，会展建筑每年都有不同展会，用电负荷变化较大。仅以轻型展、中型展、重型展确定用电负荷是否合适，是否需以当地所举办的不同展会中最大用电负荷来确定实际所需要用电负荷，需要由实际调研后确定。在设计前期，应调研今后的运营需求，甚至还要调研当地的经济发达水平。

① 比如今后的布展需求，运营管理需求，今后布展主要承接哪类展览项目，主要面对哪类展商等等。

② 会展建筑所在地、会展中心的定位对于用电需求密切相关。如国家级的会展中心，对应承接的展览项目更多元化且级别更高。相对来说，一些省会级或区域会展中心，承接的可能是一些区域市场或省内展览项目，对应的用电指标要低一些，重要程度也会相应低一些。

③ 有些以会展为主要产品的开发商，他们经过多年累积的经验，形成了自己的会展项目建设标准，在设计初期，完全可以以此为依据，进行负荷计算。

（4）负荷计算案例分析：继续以兰州会展项目为例，对1#展厅的负荷计算过程进行分析和展示。

① 用电设备组的计算功率：

有功功率：

$$P_c = K_d P_e \qquad (2\text{-}1)$$

无功功率：

$$Q_c = P_c \tan\Phi \qquad (2\text{-}2)$$

② 变电所的计算功率：

有功功率：

$$P_c = K_{\Sigma p} \sum (K_d P_c) \qquad (2\text{-}3)$$

无功功率：

$$Q_c = K_{\Sigma q} \sum (K_d P_c \tan\Phi) \qquad (2\text{-}4)$$

视在功率：

$$S_c = \sqrt{P_c + Q_c} \qquad (2\text{-}5)$$

计算电流：

$$I_c = S_c / (\sqrt{3}\, U_n) \qquad (2\text{-}6)$$

以上公式中：

P_c——计算有功功率，kW；

Q_c——计算无功功率，kvar；

S_c——计算视在功率，kVA；

I_c——计算电流，A；

P_e——用电设备组的设备功率，kW；

K_d——需要系数；

$\tan\Phi$——计算负荷功率因数角的正切值；

$K_{\Sigma p}$——有功功率同时系数，可取0.8～0.93；

$K_{\Sigma q}$——无功功率同时系数，可取0.93～0.97；

U_n——系统标称电压，kV。

③ 施工图阶段：业主明确A展厅按中型展厅进行设计。

展厅照明负荷计算：展厅内照明属于二级负荷，每个展厅内的照明采用两路电源交叉供电，展厅内两个强电间各设置一个照明配电箱，各带一半的展厅照明；另外展厅内的插座、应急照明、展厅内的弱电电源等都计入照明负荷。

展厅动力负荷计算：与业主确定了展位配置：每4个展位设置一个9kW容量的展位配电箱，另外每个展厅大约再预留500kW的展位用电；展厅内的排水泵、生活水泵、风机、空调热风幕等负荷都计入动力负荷。负荷计算书如表2-2、表2-3所示。

西侧1#展厅负荷计算书（一）							表2-2
设备名称	设备功率（kW）	需要系数 K_d	$\cos\Phi$	$\tan\Phi$	计算有功功率（kW）	计算无功功率（kvar）	视在功率（kVA）	计算电流（A）
展厅照明	191	0.7	0.9	0.48	134	65	149	226

设备名称	设备功率（kW）	需要系数 K_d	$\cos\Phi$	$\tan\Phi$	计算有功功率（kW）	计算无功功率（kvar）	视在功率（kVA）	计算电流（A）
展厅动力	895	0.7	0.8	0.75	636.5	469.9	783.1	1190
总计	1086				760.2	534.6	929.4	
同时系数，0.93					707	497.2	864.3	
自动补偿（kvar）						300		
功率因数补偿至0.95			0.95	0.33	707	197.2	734	1115
变压器容量	1000							
变压器负荷率	73.4%							

西侧1#展厅负荷计算书（二） 表2-3

设备名称	装机容量（kW）	需要系数 K_x	$\cos\Phi$	$\tan\Phi$	计算有功功率（kW）	计算无功功率（kvar）	视在功率（kVA）	计算电流（A）
展厅照明	136	0.7	0.9	0.48	95.2	46.1	105.8	161
电梯	20	1	0.6	1.33	20	26.7	33.3	51
展厅动力	1050	0.7	0.8	0.75	735	551.3	918.8	1396
总计	1206				850.2	624	1054.6	
同时系数，0.93					790.7	580.3	980.8	
自动补偿（kvar）						350		
功率因数补偿至0.95			0.95	0.33	790.7	230.3	823.6	1251
变压器容量	1000							
变压器负荷率	82.4%							

2.2.2 会展建筑用电指标调研

（1）近年会展建筑项目的用电指标实际案例列举于表2-4。

会展建筑项目的用电指标实际案例 表2-4

会展项目名称	展览建筑级别/展厅等级	总建筑面积（m²）	变压器安装容量（kVA）	变压器安装密度（VA/m²）	展厅面积（m²）	展厅变压器安装容量（kVA）	展厅变压器安装密度（VA/m²）
安庆会展中心	大型/乙等	73518.5	19110	260	41622	15110	360
亳州绿地城际空间站二期绿地国际会展中心	大型/乙等	120144.4	132000	110	55947.2	10000	180
绿地中国丝路国际科技会展中心	大型/乙等	71560.3	15200	213	39576	12000	303
武汉天河国际会展中心	特大型/甲等、乙等及丙等	995083.08	131400	133	862898.28	96600	112
南京国际博览中心二期工程	大型/乙等	135732	19400	140	60362	15400	260

（2）从表2-4收集的数据可知，初期确定的布展用电负荷密度对后期展厅变压器装机容量影响巨大。

（3）如果展览建筑尤其是大型展馆按重型展的功率密度来预留变压器虽然可能会满足今后的绝大

部分展会，但是对于中型、轻型展会或休展时，其负载率较低。

（4）针对有些省会城市或区域中心城市的会展项目，可能一年也极少有用电需求高的重型展，对于这类的会展项目，其变压器装机容量的指标不宜定得过高，并且应急电源考虑采用租赁发电机组，就可以满足个别重型展会高用电需求，采用这种方式，也不失为一个经济合理的供电方案。毕竟大容量的变压器安装后，长期的空载损耗和会展期间偏低的负载率，无论对于电网还是对于运营方都是一种浪费。采用200W/m²的室内布展用电负荷密度，100W/m²的室外布展用电负荷密度基本可以涵盖绝大多数展会用电需求。

2.3 供电电源

2.3.1 会展建筑电压选择

（1）会展建筑的供电电压从用电容量、用电设备特性、供电距离、供电线路的回路数、当地市政电网现状和它的发展规划以及经济合理等因素综合考虑决定。

（2）尤其对于特大型、大型会展建筑，其多为甲等或乙等展厅，展厅的供电距离长，送电容量大，合理选择电压等级对于确定展厅变电所的数量、位置非常关键。

（3）在会展建筑中，一般还有酒店、会议中心等配套建筑，今后很可能是独立运营管理的，相应要求机电系统相对独立甚至完全独立，这些配套建筑一般设置独立变电所，考虑10kV（20kV或35kV）电源供电，其电压等级根据项目的供电方案确定。

2.3.2 会展建筑电源选择

（1）会展建筑中一级负荷供电电源应符合下列要求：

应由双重电源供电，当一个电源发生故障时，另一个电源不应同时受到损坏。

对一级负荷重特别重要的负荷尚应配置应急电源。

（2）会展建筑的一级负荷中的特别重要负荷，应设置自备电源装置，或预留移动应急电源的接入条件；会展建筑中的应急照明和应急响应系统、安防系统、消控中心用电还可以采用集中电源和UPS作为后备电源。

（3）会展建筑中二级负荷供电电源应符合下列要求：

① 二级负荷的外部电源进线宜由35kV、20kV或10kV双回路供电；当负荷较小或地区供电条件困难时，二级负荷可由单回路35kV、20kV或10kV专用架空线路供电。

② 当建筑物由单回路35kV、20kV或10kV电源供电时，二级负荷可由两台变压器各引一路低压回路在负荷端配电箱处双切供电，另有特殊规定者除外。

③ 当建筑物由双重电源供电，且两台变压器低压侧设有母联开关时，二级负荷可由任一段低压母线单回路供电。

④ 由双重电源的两个低压回路交叉供电的照明系统，比如中型及以上的会展建筑中的展厅照明，其负荷等级可定为二级负荷。

（4）会展建筑中三级负荷可采用单电源单回路供电。

（5）供电电源案例分析：以兰州会展项目为例，分析一下当初在这个项目的设计前期，确定项目供电系统的过程。

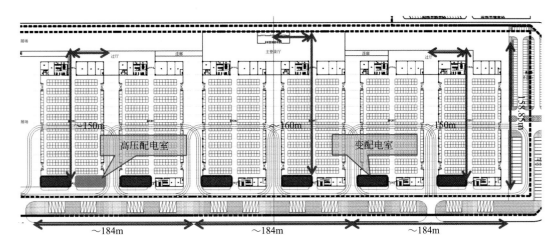

图 2-1　方案阶段分析图纸

图2-1所示是方案阶段时，讨论每个展厅供电电压等级时的分析图纸。

通过上面的负荷计算，每个展厅的用电量都很大，展厅之间的供电距离长，适合每个展厅设置变电所：每个展厅变电所从高压配电室的两段不同电源的母线段上，各引一路10kV组成双重10kN电源供电，设置2台1000kVA的变压器；一期设置一座公用变电所，内置2台1600kVA变压器，服务于一期的制冷机房、登录厅和过厅。

一期变压器安装容量是15200kVA。

鉴于当地10kV供电容量限制，本项目一期、二期分别从市政各引入两路双重电源。

2.3.3　备用电源方案的研究

会展建筑一般占地广，供电距离长，对备用电源——应急柴油发电机组的电压等级进行方案比选是很有必要的。

在供电距离不超过300m，或者采用增大线路截面经济性优势较大时，应优先选用0.4kV的应急发电机组；0.4kV的应急电源系统，投资相对小，配电系统简单，应急转换时间快。

当供电距离超过300m且采取增大线路截面积经济性较差时，柴油发电机组宜选择10kV电压等级。

在会展建筑中，采用0.4kV应急发电机组的配置方案与其他类型建筑的0.4kV应急发电机组的备用电源方案类似，不在此处赘述。

1）会展建筑的展厅一般占地广，供电距离长，而且很多展厅还没有地下室，为了运输、进排风方便，应急柴油发电机房经常会占据展厅中经济价值比较高的位置，故不管是建筑专业还是业主，都希望应急柴油发电机房的数量尽量少，最好能多个展厅相对集中设置应急柴油发电机房。这时候采用10kV应急发电机组，在会展建筑中，尤其是特大型或大型的会展建筑中，10kV的发电机组与0.4kV发电机组，两相比较，就凸显出了巨大优势。

2）备用电源案例分析：

继续以兰州会展项目为例，项目从方案阶段开始，针对应急发电机组的电压等级、台数，经过多轮方案比选和汇报才最终确定。

（1）方案阶段（图2-2）：一期项目设置一台应急柴油发电机组，供电半径达到400m，压降较大，建议业主考虑10kV应急柴油发电机组；方案设计阶段，发电机组的容量基于10%的装机容量估算，约为1500kW。

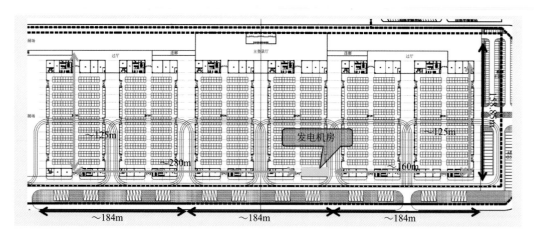

图2-2 方案阶段

（2）初步设计阶段（图2-3）：由于业主对于方案阶段采用10kV应急柴油发电机组的接受度不高，物业无此方面的人员进行管理、操作，坚持采用低压应急柴油发电机组。

故在初步设计阶段，一期项目设置二台应急柴油发电机组，每三个展厅设置一台应急发电机组，每台应急发电机组的供电半径不超过250m。

发电机组可带起展厅内所有的消防负荷及重要的一级负荷，由于消防负荷容量大于平时的一级负荷容量，故发电机组容量根据单个展厅发生火灾时，所有消防负荷的总量确定，发电机组容量约为1000kW/台。

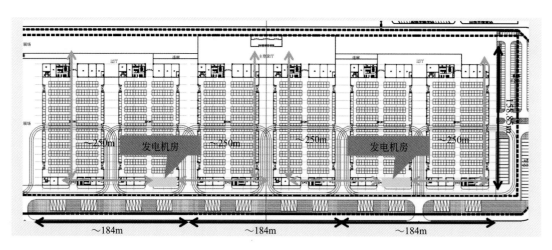

图2-3 初步设计阶段

（3）施工图设计阶段：初步设计阶段中，一期项目设置二台应急柴油发电机组，业主认为发电机房占了展厅1层比较宝贵的房间，他们还是希望项目能够采用一台低压发电机组作备用电源。设计经计算，对于超过300m的用电负荷，加大电缆截面，校核电缆的电压损失，校核断路器在电源末端发生短路时的灵敏度，认为这个供电方案可行，同意采用一台低压发电机组作为一期项目的备用电源。

发电机组可带起展厅内所有的消防负荷及重要的一级负荷，由于消防负荷容量大于平时的一级负荷容量，故发电机组容量根据单个展厅发生火灾时，所有消防负荷的总量确定，发电机组容量最终确定为823kW。

会展建筑电气及智慧设计关键技术研究与实践

兰州会展项目最后选择了0.4kV，823kW的应急柴油发电机组作为备用电源。

3）采用10kV应急发电机组，有两种供电系统。本章里面主要讨论一下10kV应急柴油发电机组的供电方案。

（1）中压柴油发电机-设专用应急变压器方案，如图2-4所示。

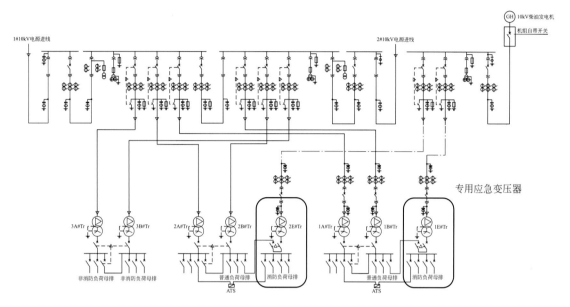

图2-4 中压柴油发电机－设专用应急变压器方案

（2）中压柴油发电机-不设专用应急变压器方案，如图2-5所示。

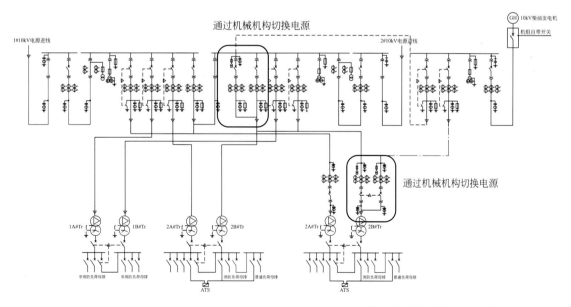

图2-5 中压柴油发电机－不设专用应急变压器方案

（3）两种方案比较如下：

① 初投资分析

从系统图可以看出，除了增加专用应急变压器外，其他电气设施（如：开关、电缆等）均基本相同。因此，设置专用应急变压器系统的费用略高。

② 比选分析（表2-5）

比选分析   表2-5

比选内容	设专用应急变压器系统	无专用应急变压器系统
供电可靠性	较高	高
系统接线	简单	复杂
初投资	略高	略低
机房大小	略大	略小
管理维护	复杂	简单
操作	简单	复杂

③ 结论

应急专用变压器平时处于不通电状态，为了防止变压器受潮，定期需对变压器进行通电维护，对后期的运行维护要求很高，因此，一般情况下建议采用无专用变压器的应急供电系统；由于国内尚无20kV的柴油发电机，如果市政电压为20kV，在经过经济性论证，必须采用高压柴油发电机作为备用电源时，可采用有专用变压器的应急供电系统，并对该变压器的运行维护提出要求。

（4）案例分析：兰州会展项目通过以上分析，该项目最终的电气供配电方案如图2-6所示。

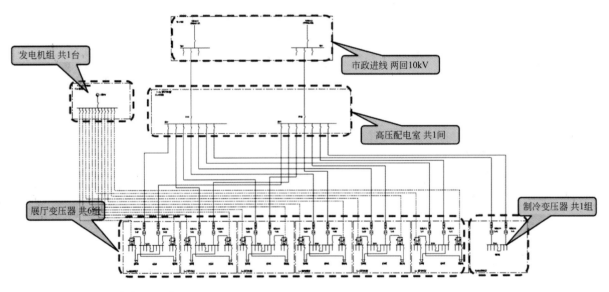

图 2-6 最终电气供配电方案

2.3.4 会展建筑备用电源使用案例

会展建筑备用电源使用案例如表2-6所示。

会展建筑备用电源使用案例   表2-6

项目名称	变电所容量 （kVA）	应急发电机房数量 （个）	应急发电机组容量	应急发电机组电压级别
安庆会展中心	26310	—	—	—
亳州绿地城际空间站二期绿地国际会展中心	13200	1	1600kW	0.4kV

项目名称	变电所容量（kVA）	应急发电机房数量（个）	应急发电机组容量	应急发电机组电压级别
绿地中国丝路国际科技会展中心	15200	1	823kW	0.4kV
会展中心	131400	2	2×1000kW/个机房	10kV
南京国际博览中心二期工程	19400	—	—	—
天津高新区软件和服务外包基地综合配套区中央商务区二期-展览中心	22400	1	2500kW	0.4kV
西安空港绿地国际会展中心	15300	1	2×1000kW	0.4kV
南京南部新城会展中心（中芬合作交流中心）	3200	1	1000kW	0.4kV

2.3.5 谐波预防与治理

1. 非线性负荷

会展建筑中，非线性用电负荷是主要的谐波源，非线性设备有以下几类，交流整流再逆变用电设备，如变频调速、变频空调等；开关电源设备，如LED光源、LED屏、计算机、调光场所等。

2. 谐波对供电系统的危害

（1）会增加设备的铜耗、铁耗和介质损耗从而加剧热效应，降低设备额定功率。

（2）增大电压峰值，可能击穿电缆绝缘。

（3）引起负载设备损坏或缩短设备寿命。

（4）引起开关设备误跳闸。

（5）可能导致零地电位差的升高，从而会导致中性线截面增大。

3. 供配电系统的谐波治理

供配电系统的谐波治理应符合下列规定：

（1）会展建筑的低压配电系统应选用D, yn11接线组别的配电变压器。

（2）当会展建筑的供配电系统中设有无源滤波装置时，相应回路的中性导体宜与相线导体的截面相同。

（3）当参展设备产生谐波源时，参展商应自行考虑配套相关处理措施。

（4）功率因数补偿电容器组可按其连接点的谐波特征频率配置电抗器。

（5）大容量设备宜采用专线供电，并应加大供电线路导体的截面。

2.4 供配电系统设计

2.4.1 典型高压供配电系统

会展建筑根据系统容量及当地市政供电条件合理选用110kV、35kV、20kV、10kV电压等级供电系统。

项目电压等级的确定首先需征询项目当地供电部门相关市政电压等级及相应供电容量上限值，以便项目根据实际的用电容量确定合适的电压等级，如表2-7所示。

表 2-7

市政电压等级的供电容量		用户供电电压等级确定	
电压等级（kV）	供电容量（MVA）	用户申请容量（kVA）	拟定供电电压等级（kV）
110	40 ~ 100	40000 以上	110
35	12 ~ 40	8000 ~ 40000	35
20	16 ~ 30	250 ~ 24000	20
10	0.8 ~ 16	3000	10

对于会展建筑可根据项目的用电实际情况和可靠性需求的高低，确定对应的110kV、35kV或20kV电压等级高压系统接线形式。

1. 110kV供电形式（图2-7）

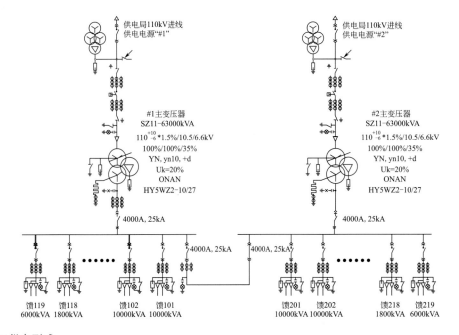

图 2-7　110kV 供电形式

注：本 110kV/10kV 站 10kV 分段不设自切，在下级变电站末端设置自切。

2. 典型的35kV单母线分断，中间设置联络形式（图2-8）

35kV主接线：2路35kV电源采用单母线分段，中间加设联络开关，平时分列运行，当其中一路电源检修或故障时，可手动（自动）合上联络开关，以保证供电的可靠性。

3. 典型的20kV单母线分断，中间设置联络形式（图2-9）

20kV主接线：二路独立20kV电源同时使用，互为备用，单母线分段，中间设联络开关。平时分列运行，当一路20kV电源失电时，另一路20kV电源可通过高压联络，给所有负荷供电。

4. 典型的10kV放射式供电形式（图2-10）

10kV主接线：2路10kV电源采用单母线分段，中间不设联络开关，平时分列运行，当其中一路电源检修或故障时，另一路市电电源通过低压侧联络保证所有一、二级重要负荷的可靠运行。

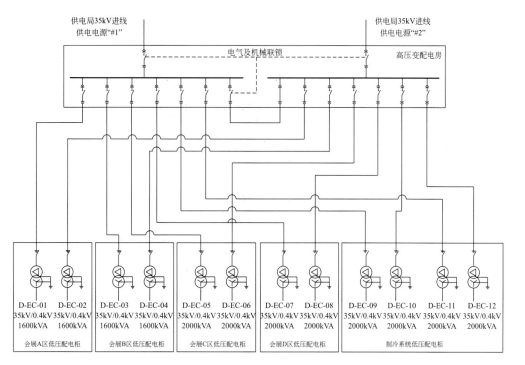

供电局35kV进线
供电电源"#1"

供电局35kV进线
供电电源"#2"

电气及机械联锁

高压变配电房

D-EC-01　D-EC-02
35kV/0.4kV 35kV/0.4kV
1600kVA　1600kVA

会展A区低压配电柜

D-EC-03　D-EC-04
35kV/0.4kV 35kV/0.4kV
1600kVA　1600kVA

会展B区低压配电柜

D-EC-05　D-EC-06
35kV/0.4kV 35kV/0.4kV
2000kVA　2000kVA

会展C区低压配电柜

D-EC-07　D-EC-08
35kV/0.4kV 35kV/0.4kV
2000kVA　2000kVA

会展D区低压配电柜

D-EC-09　D-EC-10　D-EC-11　D-EC-12
35kV/0.4kV 35kV/0.4kV 35kV/0.4kV 35kV/0.4kV
2000kVA　2000kVA　2000kVA　2000kVA

制冷系统低压配电柜

图 2-8　典型的 35kV 单母线分断，中间设置联络形式

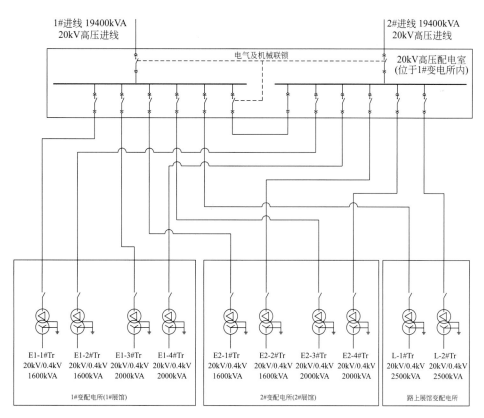

1#进线 19400kVA
20kV 高压进线

2#进线 19400kVA
20kV 高压进线

电气及机械联锁

20kV 高压配电室
(位于1#变电所内)

E1-1#Tr　E1-2#Tr　E1-3#Tr　E1-4#Tr
20kV/0.4kV 20kV/0.4kV 20kV/0.4kV 20kV/0.4kV
1600kVA　1600kVA　2000kVA　2000kVA

1#变配电所(1#展馆)

E2-1#Tr　E2-2#Tr　E2-3#Tr　E2-4#Tr
20kV/0.4kV 20kV/0.4kV 20kV/0.4kV 20kV/0.4kV
1600kVA　1600kVA　2000kVA　2000kVA

2#变配电所(2#展馆)

L-1#Tr　L-2#Tr
20kV/0.4kV 20kV/0.4kV
2500kVA　2500kVA

路上展馆变配电所

图 2-9　典型的 20kV 单母线分断，中间设置联络形式

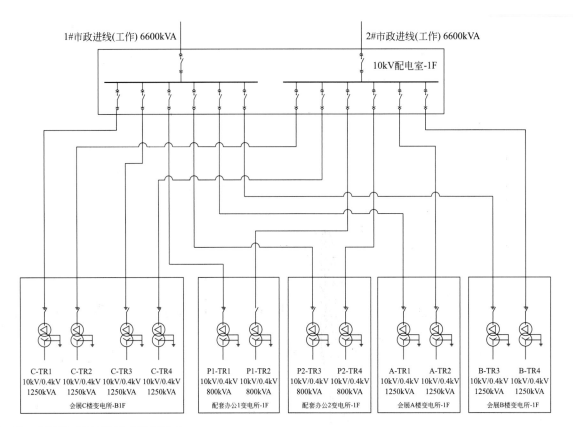

图 2-10 典型的 10kV 放射式供电形式

5. 典型的 10kV 单电源环网供电形式（图2-11）

此形式可适用于高压供电距离较远的室外展场，正常运行时一般两回路电源同时工作，开环运行，供电可靠性较高，电力线路检修时可以切换电源，故障时可以切换故障点，缩短停电时间。本供电方式有效节省高压电缆出线数量，节省成本，但其保护装置和整定配合相对比较复杂。

6. 典型的10kV双电源环网供电形式（图2-12）

此形式可适用于部分高压供电距离较远的室外展场，正常运行时由一侧供电或在线路的负荷分界处断开，配电系统应加闭锁，避免并联，故障后手动切换，寻找故障时要中断供电。此供电方式能有效节省高压电缆出线数量，节省成本，但展馆的供电可靠性有一定降低。

2.4.2　典型低压供配电系统

会展建筑用电负荷应根据对供电可靠性的要求及中断供电所造成的损失或影响程度确定。负荷等级可分为：一级负荷；二级负荷；三级负荷。特别重要场所不允许中断供电的负荷应定为一级负荷中的特别重要负荷。会展建筑常规设计中每个展厅宜独立设置变电所；登录厅、过厅及公用设备设施场所的用电在满足供电半径要求前提下，可合并设置公用变电所，以便于会展运营单位开展和不开展两个时间段的合理使用，增强了运营的灵活性。

项目设计中应根据相应的供电容量分布、供电半径长短及用电负荷等级高低等具体情况合理选择低压供配电主接线形式。

1. 典型的低压供电形式（无柴油发电机系统）（图2-13）

2. 典型的低压供电形式（低压柴油发电机系统）（图2-14）

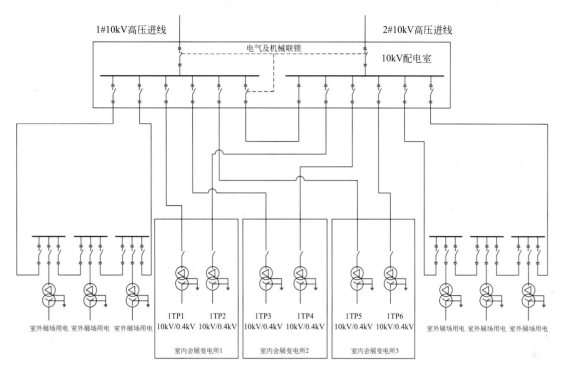

图 2-11　典型的 10kV 单电源环网供电形式

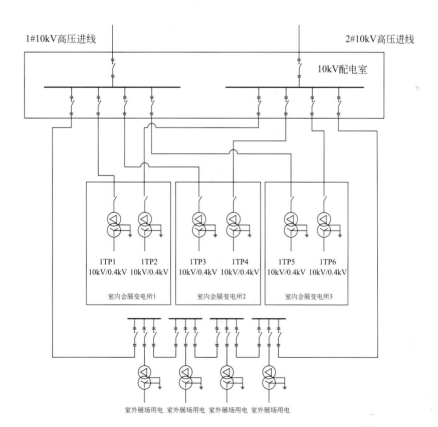

图 2-12　典型的 10kV 双电源环网供电形式

3. 典型的低压供电形式（低压预留低压柴油发电机系统）（图2-15）

4. 典型的低压供电形式（高压柴油发电机系统）（图2-16）

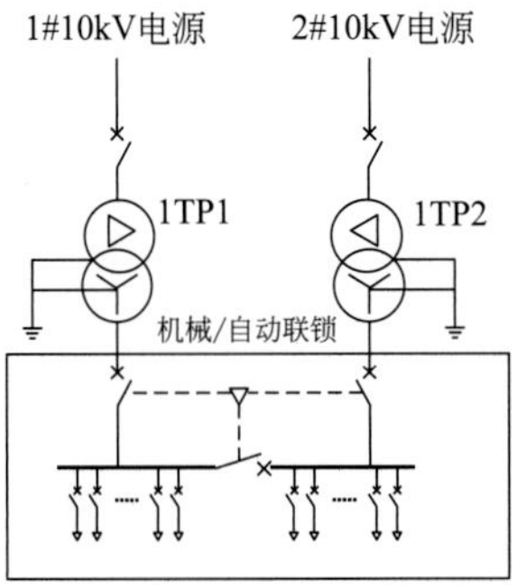

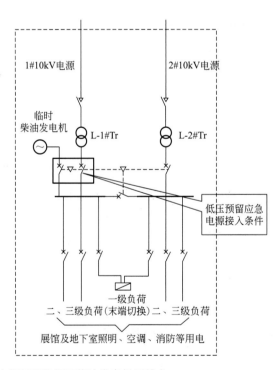

图 2-13 典型的低压供电形式（无柴油发电机系统）

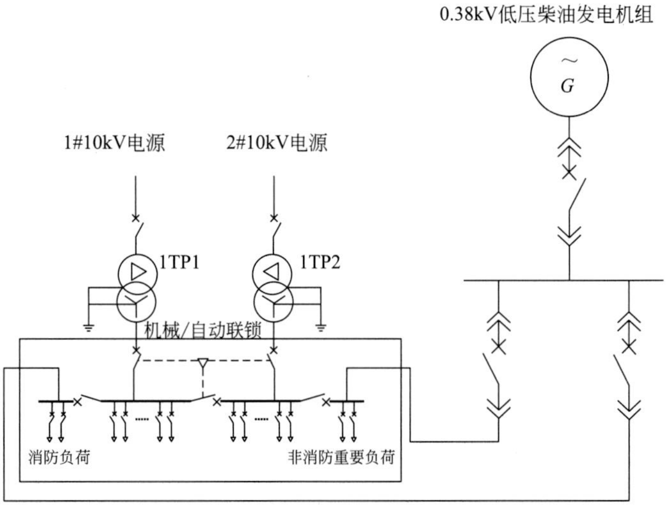

图 2-14 典型的低压供电形式（低压柴油发电机系统）

图 2-15 典型的低压供电形式（低压预留低压柴油发电机系统）

2.4.3 导体选择

（1）导体材质的选择：

① 导体材质应根据负荷性质、环境条件、安装部位、市场价格等因素综合考虑确定。

② 会展建筑属于重要的公共建筑且为人员密集场所，其展示产品品种多样化，供电的可靠性需求

会展建筑电气及智慧设计关键技术研究与实践

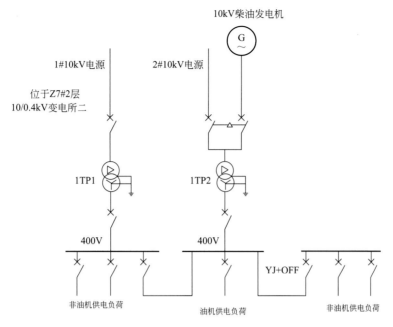

图2-16 典型的低压供电形式（高压柴油发电机系统）

比较高，相应的配电线路的导体应选用铜芯材质。

（2）10kV中压电缆室外地坪敷设时采用铠装铜芯交联聚乙烯绝缘聚乙烯护套阻燃A级（耐火）电力电缆；当10kV中压电缆利用建筑物屋檐下敷设时，应采用辐照铜芯交联聚乙烯绝缘聚乙烯护套阻燃无卤低烟A级（耐火）电力电缆，并做好相应的防鼠咬措施。

（3）除室外直接埋地的电缆外，所有低压电线电缆均应采用无卤低烟阻燃型，电缆的阻燃级别除根据会展项目的体量大小确定外，尚应根据同一通道内不同阻燃类别线缆的非金属含量限值来确定。敷设在有防火封堵通道内时，电缆阻燃级别的选择见表2-8。

敷设在有防火封堵通道内时，电缆阻燃级别的选择	表 2-8
阻燃级别	电缆的非金属含量
A 级	7 ~ 14L/m
B 级	3.5 ~ 7L/m（含7L/m）
C 级	1.5 ~ 3.5L/m（含3.5L/m）

（4）引至消防设备的供电干线和分支干线均宜采用矿物绝缘类耐火电缆。其中，消防电源的主干线，消防水泵、消防控制室、防烟和排烟设备及消防电梯的电源线路采用耐火温度950℃、持续供电时间180min的矿物绝缘电缆，该电缆应满足现行标准《在火焰条件下电缆保持电路完整性的性能要求》BS:6387和C、W、Z检验标准要求，有国家防火建筑材料质量监督检验中心出具的型式检验安全性能报告和国家电线电缆质量监督检验中心出具的全性能检验报告；矿物绝缘电缆应有金属护套，金属护套采用连续挤出无缝管且金属管具有接地功能，有国家电线电缆质量监督检验中心出具的电阻检验报告。

（5）消防疏散应急照明、防火卷帘等其他消防用电设备的电源线路以及消防控制线路、火灾自动报警系统的报警线路可采用耐火温度750℃、持续供电时间不少于90min的耐火电线电缆。

（6）由低压配电间配出的0.4kV非消防馈电线路采用阻燃A级、低烟、无卤交联聚乙烯护套铜芯电缆沿电缆桥架敷设。

（7）低压电线采用无卤低烟阻燃C级或耐火C级交联铜芯导线。

（8）控制电缆均采用无卤低烟阻燃A类或耐火A类交联聚乙烯绝缘聚烯烃护套铜芯控制电缆。

（9）泵坑内潜水泵电源采用防水电缆。

（10）地面设置的标志灯的配电线路和通信线路采用耐腐蚀橡胶线缆。

（11）所有耐火电缆和矿物绝缘电缆应具有不低于B_1级的燃烧性能。

（12）火灾自动报警的报警总线，应选择燃烧性能B_1级及以上的电线、电缆。消防联动总线及联动控制线应采用耐火铜芯电线、电缆。电线、电缆的燃烧性能应符合现行国家标准《电缆及光缆燃烧性能分级》GB 31247 的规定。

（13）会展建筑一般为人员密集场所，电线电缆燃烧性能应选用燃烧性能B_1级及以上，产烟毒性为t_1级、燃烧滴落物/微粒等级为d_1级。

（14）会展建筑由于体量较大，部分设备电缆敷设长度较长，线路电压损失应满足用电设备正常工作及启动时端电压的要求，故部分距离较长的电缆需要复核压降。

三相平衡负荷线路（380V）压降：

$$\Delta u\% = \frac{1}{10U_n^2}\sum[(R'o+X'otg\varphi)P_il_i] \tag{2-7}$$

单相负荷线路（220V）压降：

$$\Delta u\% = \frac{2}{10U_{nph}^2}(R'o+X''otg\varphi)Pl \tag{2-8}$$

式中：

$\Delta u\%$——线路电压损失百分数，%；

U_n——标称线电压，kV；

U_{nph}——标称相电压，kV；

$X''o$——单相线路单位长度的感抗，Ω/km，其值可取$X'o$值*；

l——线路长度，km；

P——有功负荷，kW；

P_il_i——几个负荷用负荷矩，kW·km。

正常运行情况下，用电设备端子处的电压偏差允许值（以标称系统电压百分数表示）应满足《民用建筑电气设计标准》GB 51348—2019中第3.4.3条要求：

① 照明：室内场所为±5%；对于远离变电所的小面积一般工作场所，难以满足上述要求时，可为+5%、−10%；应急照明、景观照明、道路照明和警卫照明等为+5%、−10%。

② 一般电动机为±5%。

③ 电梯电动机为±7%。

④ 其他用电设备，当无特殊规定时为±5%。

（15）TN-S系统中存在谐波电流时，计算中性导体的电流应计入谐波电流的效应。当中性导体电流大于相导体电流时，电缆相导体截面应按中性导体电流选择。当中性导体电流大于相电流133%且按中性导体电流选择电缆截面时，电缆载流量可不校正。当三相平衡系统中存在谐波电流，4芯或5芯电缆内中性导体与相导体材料相同和截面相等时，电缆载流量的校正系数应按表2-9的规定确定。

4芯或5芯电缆存在谐波电流时的校正系数 　　　　　　　　　　　　　　　　　　表2-9

相电流中三次谐波分量（%）	校正系数	
	按相电流选择截面积	按中性导体电流选择截面积
0 ~ 15	1	—
15 ~ 33	0.86	—
33 ~ 45	—	0.86
>45	—	1

注：相电流的三次谐波分量是三次谐波与基波（一次谐波）的比值，用%表示。

TN-S系统中，在正常工作中负荷分配比较均衡且谐波电流（包括三次谐波和三次谐波的奇数倍）不超过相电流的15%且中性导体截面积小于相导体截面积的地方，中性导体上装设过电流保护（该保护应使相导体断电但不断开中性导体）时，当相导体截面积大于$16mm^2$（铜）时，中性导体截面积可小于相导体截面积。

（16）保护导体截面积的选择应能满足电气系统间接接触防护自动切断电源的条件，且能承受预期的故障电流或短路电流；当切断时间不超过5s时，应满足式（2-9）及表2-10要求。

$$S \geqslant \sqrt{\frac{I^2 t}{k}} \qquad （2-9）$$

式中：

S——保护接地导体的截面积（mm^2）；

I——流过保护电器的可忽略故障点阻抗产生的预期故障电流（A）；

t——保护电器自动切断的动作时间（s）；

k——由保护接地导体、绝缘和其他部分的材料以及初始和最终温度决定的系数。

保护导体的最小截面积（mm^2） 　　　　　　　　　　　　　　　　　　　　表2-10

相导体截面积	保护导体的最小截面积	
	保护导体与相导体使用相同材料	保护导体与相导体使用不同材料
$\leqslant 16$	S	$(S \times k_1)/k_2$
> 16，且$\leqslant 35$	16	$(16 \times k_1)/k_2$
> 35	$S/2$	$(S \times k_1)/(2 \times k_2)$

注：k_1相导体的k值，按现行国家标准《低压电气装置 第4-43部分：安全防护 过电流保护》GB/T 16895.5相关规定选取；k_2保护接地导体的k值，按现行国家标准《低压电气装置 第5-54部分：电气设备的选择和安装 接地配置和保护导体》GB/T 16895.3进行计算和选取。

导体的截面选择尚需综合考虑导体的温升、载流量、经济电流密度、机械强度等因素综合判断考虑，并满足国家的相应规范要求。

2.5 展览配电研究

2.5.1 展览配电室设置

（1）展览配电室设置首先应保证变电所至设备末端用电设备压降满足要求，同时其供电半径不宜超过250m。

（2）展览配电室不应设置在卫生间、厨房、水泵房等有积水场所或潮湿场所的正下方，且避免与此类场所贴邻设置。

（3）展览配电室不应设置在爆炸危险场所附近，设置位置需满足现行国家标准《爆炸危险环境电力装置设计规范》GB 50058规范相关要求。

（4）展览及辅助用房的强电小间应在每个防火分区内单独设置。

（5）展区内按照供电区域面积每600m²宜设置一台展览用配电箱（柜）。应综合考虑变电所设置位置及管沟布置情况，对展位柜配电室至各展位配电箱的出线电缆进行经济性比选，从而合理选择设置展位配电柜配电室的位置和数量。

2.5.2 展览配电形式研究

（1）管沟的设置可根据展厅展位布局及辅房的设置情况合理选择主管沟的设置位置。可采用中主管沟或侧主管沟形式，分别如图2-17～图2-19所示。

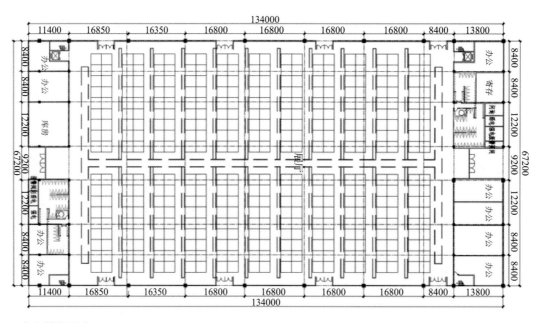

图 2-17 中主管沟形式

（2）地面智能展位箱可根据需求相应设置地沟型电气展位箱、电井型电气展位箱、预埋型电气展位箱，如表2-11所示。三种形式如图2-20所示。

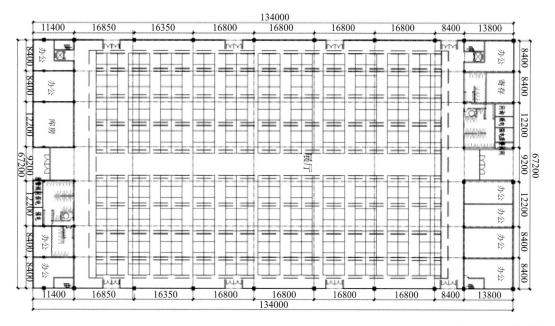

图 2-18 侧主管沟形式 1

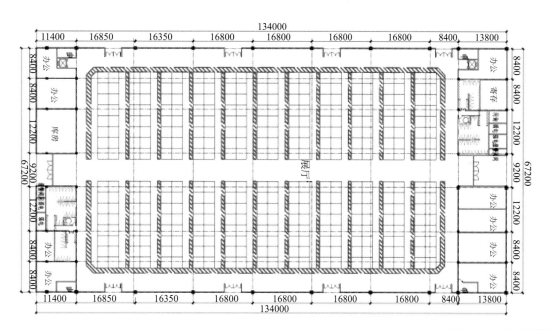

图 2-19 侧主管沟形式 2

地面智能展位箱	表 2-11

展位箱形式	功能及安装
地沟型展位箱	着力解决综合性展馆强电、弱电、水、气源的布线，其通过前端的能源供应设备在地沟中布置管线将相关能源输送至展位配电箱，满足各类参展设备对能源的需要
电井型展位箱	由前端能源装置通过布线管道或从地沟引出布线管道布置线缆将相关能源通过管道输送至展位配电箱，满足各类参展设备对能源的需要
预埋型展位箱	将展位箱直接浇铸在展厅的结构层或找平层中，提供展位所需的各种能源

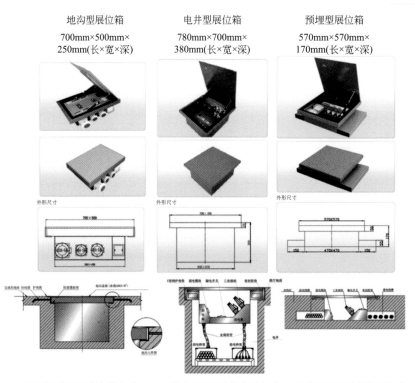

地沟型展位箱
700mm×500mm×
250mm(长×宽×深)

电井型展位箱
780mm×700mm×
380mm(长×宽×深)

预埋型展位箱
570mm×570mm×
170mm(长×宽×深)

外形尺寸

外形尺寸

外形尺寸

(a) 地沟型展位箱安装方式　(b) 电井型展位箱安装方式　(c) 预埋型展位箱安装方式

图 2-20　展位箱三种形式

2.5.3　会展建筑智能化综合管线

（1）展厅综合型展位箱是集展位供电、水、气、信息于一体的能源供电设备。其内部设置断路器、漏电开关、弱电信息模块、给水阀门、排水孔及压缩空气快速接头。

（2）综合型展位箱分为整体式和分体式两种，如图2-21、图2-22所示。

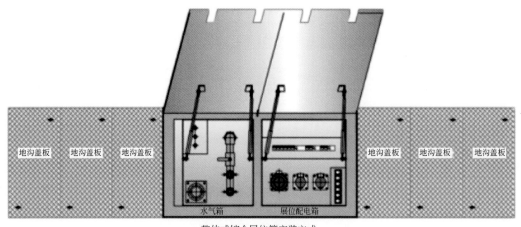

| 地沟盖板 | 地沟盖板 | 地沟盖板 | | | 地沟盖板 | 地沟盖板 | 地沟盖板 |

水气箱　　　　展位配电箱

整体式综合展位箱安装方式

图 2-21　整体式

（3）综合型展位箱安装示意如图2-23、图2-24所示。

会展建筑电气及智慧设计关键技术研究与实践

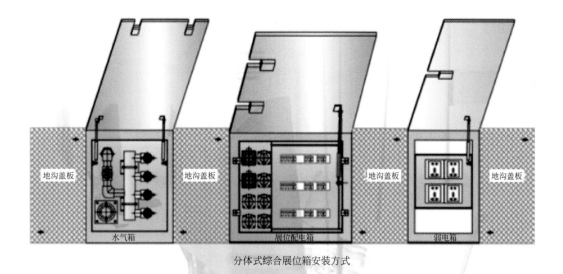

地沟盖板　　　　　地沟盖板　　　　　地沟盖板　　　　　地沟盖板

水气箱　　　　　　　　展位配电箱　　　　　　　　弱电箱

分体式综合展位箱安装方式

图 2-22　分体式

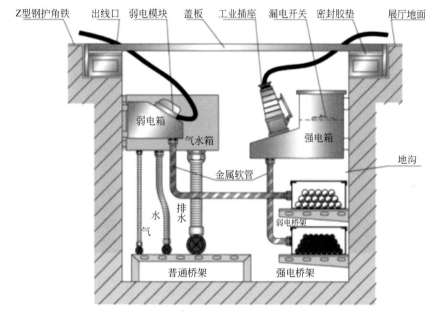

Z型钢护角铁　出线口　弱电模块　盖板　工业插座　漏电开关　密封胶垫　展厅地面

弱电箱

气水箱

强电箱

地沟

金属软管

水　排　气　水

弱电桥架

普通桥架　　强电桥架

综合展位箱地沟安装

图 2-23　综合展位箱地沟安装

2.5.4　综合管线要求

展厅管沟内综合管线敷设需要满足以下要求：

（1）电源线路和电子信息系统线路平行或交叉敷设时，其间距应符合现行国家标准《建筑物电子信息系统防雷技术规范》GB 50343的规定。

（2）地面出线布点、综合设备管沟、管井和室外地面出线井内的电气装置和管线不应设置于水管的正下方和热水管、蒸汽管的正上方，电气管线与其他管道之间的间距应符合现行国家标准《低压配电设计规范》GB 50054的规定。

（3）超大展厅两侧均设置展位柜配电间，展位用支管沟以防火隔离带为分界，避免电线电缆发生

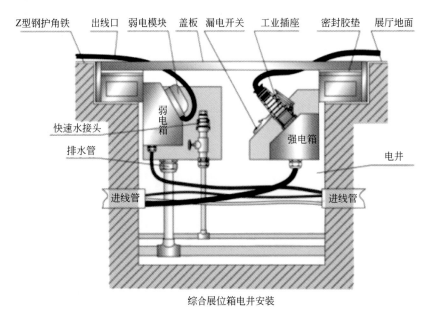

Z型钢护角铁　出线口　弱电模块　盖板　漏电开关　工业插座　密封胶垫　展厅地面

弱电箱

强电箱

快速水接头

排水管

电井

进线管　　　　　　　　进线管

综合展位箱电井安装

图2-24　综合展位箱电井安装

火灾时扩大火灾事故影响面。

（4）超大展厅顶棚下方穿越防火隔离带的电线电缆均需要在桥架内采取防火胶泥等措施实施防火封堵，防止电线线缆的延燃，从而减少事故影响面。

（5）超大展厅的电气线路均设置电气火灾监控探测器。由于照明线路故障引起的火灾占电气火灾的10%左右，且超大展厅顶部较高，发生火灾不易及时发现，故对于展厅上方的照明灯具的线路配电回路均设置具有探测故障电弧功能的电气火灾监控探测器，以便于及时发现火灾隐情，减少火灾事故的发生。

2.5.5　展厅&展场电缆沟及展位箱系统

（1）展沟类型：包括主展沟、支展沟。

（2）展沟管线类型：

① 主展沟：弱电桥架、强电母线槽、水管及空气管（或无）。

② 支展沟：弱电桥架、强电桥架、水管及空气管（或无）。

（3）主管沟管线布置参考示意图如图2-25所示。

（4）次管沟管线布置参考示意图如图2-26所示。

2.5.6　案例分析

以武汉天河国际会展中心标准展厅为例，相应配电机房及路线如图2-27所示。

由二层变电所分别单放电缆敷设至南北两侧上下对齐配电管井，并通过桥架敷设至一层，再由一层地面主管沟敷设至南北两侧各三个展览用配电间内展览用配电柜。再由各展览用配电柜放射式配出电缆沿各支管沟敷设至就近的展区电气综合展位箱。

1. 典型展位配电柜系统图（图2-28）

2. 典型电气综合展位箱系统（图2-29）

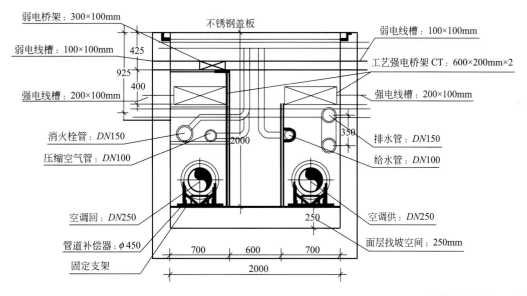

图 2-25　主管沟管线布置参考示意图

注：图中管线尺寸仅做参考，具体尺寸可根据项目实际使用需求确定。

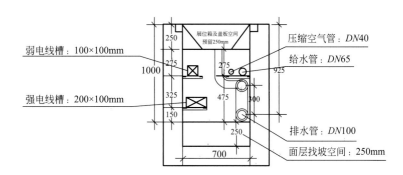

图 2-26　次管沟管线布置参考示意图

注：图中管线尺寸仅做参考，具体尺寸可根据项目实际使用需求确定。

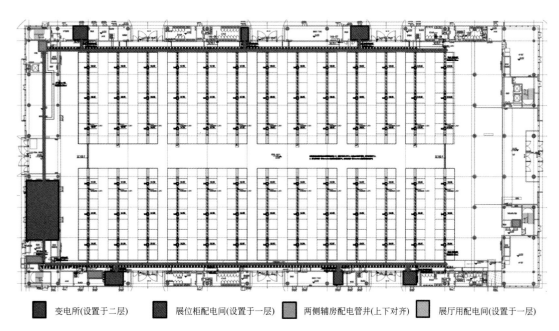

■ 变电所(设置于二层)　　■ 展位柜配电间(设置于一层)　　■ 两侧辅房配电管井(上下对齐)　　▨ 展厅用配电间(设置于一层)

图 2-27　武汉天河国际会展中心标准展厅配电机房及路线

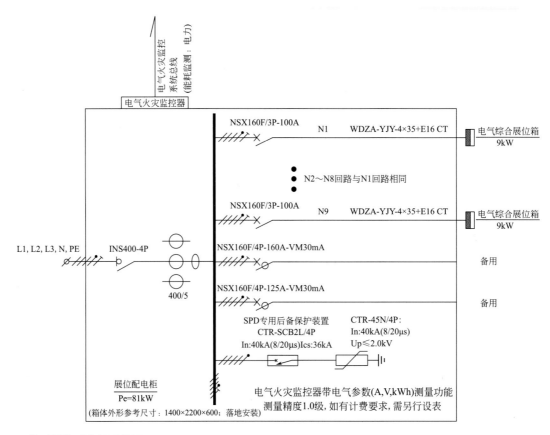

图 2-28　典型展位配电柜系统图

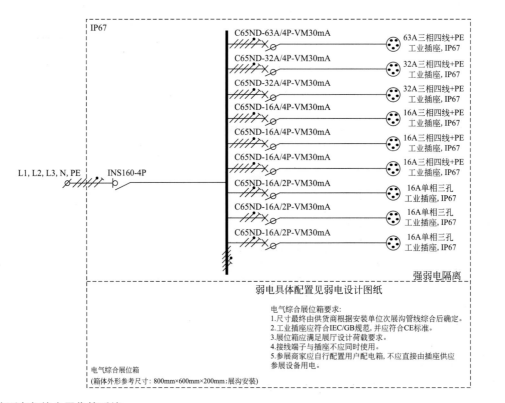

图 2-29　典型电气综合展位箱系统

第3章　会展建筑照明设计研究

3.1　会展建筑空间界定与行为

会展建筑是指从事会议、展览以及节事活动的主体建筑和附属建筑，以及相配套的设施设备和服务，它由硬件和软件两部分组成。

会展建筑根据不同的标准，有多种类型。

3.1.1　按照规模划分

可以分为特大型会展场馆、大型会展场馆、中型会展场馆和小型会展场馆。

特大型会展场馆是指会展场馆规模庞大，一般举办大型的国际性会议和综合性的展览活动，如广州国际会展中心、上海国家会展中心等。

大型会展场馆是指会展场馆规模较大，一般举办区域性的国际会议、大中型的行业会议和行业性的展览活动，如西安国际会展中心、昆明国际会展中心等。

中型会展场馆指会展场馆规模较小，一般举办地区性的会议和地区性、专业性的贸易展览活动，如广州锦江展览中心、广州百越展览中心等。

小型会展场馆是指会展场馆规模小或不是专门用于会展的临时性会展场所，一般不会经常性举办会展活动，如广东国际大酒店等各种大型物业的展览馆。

3.1.2　按照内容划分

可分为综合型、展览型、博览型、会议型会展场馆。

综合型会展场馆是指可同时和分别举办会议和展览活动的场所，如上海国家会展中心、大连星海会展中心等。

展览型会展场馆一般只举办各类产品和信息的展览活动，一般不举办交流会议，如广东现代国际展览中心（东莞）、上海国际展览中心等。

博览型会展场馆是指举办各种画展、花卉展、艺术品展、文物展等博览性活动的场所，如上海新国际博览中心、广州花卉博览园等。

会议型会展场馆是指主要举办国际会议、行业会议等大型会议的场所，如北京国际会议中心、博鳌亚洲论坛会议中心等。

3.1.3　按性质划分

可分为项目型、单纯型和综合型会展场馆。

项目型会展场馆是指不是专门用于会展，只是偶尔举办会展的场所，如白天鹅宾馆展示厅、广东国际大酒店展览馆等。

单纯型会展场馆是指专门用于某种产品展览、某个行业展示和某种会议举行的活动场所，如广州花卉博览园、中国农业展览馆等。

综合型会展场馆是指可以举办各种商贸展览和交流会议的活动场所，如上海光大会展中心、武汉国际会展中心等。

会展建筑主要公共区域按功能分为以下部分：会议室、洽谈室、宴会厅、多功能厅、公共大厅、展厅等。

会展建筑照明旨在满足参会人员观展、参会、洽谈等活动的功能性照明。使用无直接眩光、反射眩光的灯具及清晰可见的标识营造舒适的光环境，通过灯光排布、色彩及亮度变化引导人行流线。使用灯光达到展现会展建筑特色及强化视觉认知提升空间体验的目的以及提高工作人员进行工作的舒适程度。

会展建筑照明中大空间照明扮演着尤为重要的角色。大空间建筑是会展建筑中空间和面积特别大的公共场所，是会展功能区域的重要空间。会展建筑大空间照明作为建筑中的一个重要组成部分，其设计与实施的优劣又将直接影响整个建筑的效果。

3.2 会展建筑空间照明意义与目的

3.2.1 实现功能要求

（1）满足现行国家标准《建筑照明设计标准》GB 50034。

（2）满足行业标准《会展建筑电气设计规范》JGJ 333—2014。

（3）色温、显色性。

3.2.2 提供舒适环境

（1）眩光控制。

（2）垂直照度。

（3）亮度的分布及对比度。

（4）标识的清晰可见、广告的亮度控制（亮度对比、直接眩光和反射眩光）。

3.2.3 强化视觉认知

（1）空间感：①对环境空间形状的认知；②灯具的造型和排布；③照度、亮度分布；④引入或模拟日光。

（2）定位感和方向感：对自身位置和方向的认知。

（3）秩序感：一致、连续、确定、逻辑。

（4）引导性：符合人的心理预期、诱导人的行动。

3.2.4 展示美观特色

（1）建筑特征。

（2）地域特色。

（3）整体性。

（4）灯具的排列。

3.2.5　实现节能目的

（1）采光和遮阳。

（2）合理的照度。

（3）灯具的照明方式选型。

（4）照明控制节能。

3.2.6　便于安装维护

（1）灯具的安装方式。

（2）防护等级。

（3）维护的便利性。

3.3　会展建筑空间照明要点

3.3.1　会展建筑照明设计流程和整体思路

（1）明确设计目标。

（2）熟悉流线和分区。

（3）分析建筑和空间的特点。

（4）了解地域特点和使用状况。

（5）确定各区域的光环境需求。

3.3.2　光环境需求

（1）考虑因素（视觉功效、空间感受、灯具的安装和维护、节能和高效）。

（2）照明方式选型。

（3）照度指标和分布。

（4）亮度场景和对比。

（5）色温、色彩、动态。

3.3.3　可实现的方案

（1）计算模拟验证比较。

（2）灯具选型。

（3）安装方式。

（4）照明控制。

3.4 会展建筑空间定位及照度、节能、色温需求分析

3.4.1 会展建筑空间环境特点及照明要求

会展建筑面向的用户往往比较重视良好的环境，安排了较多的服务空间和更加舒适的会务环境。

（1）大型会展建筑通常都设计成整体高大空间，因此顶棚应该设置必要的照明，形成明亮均匀的整体照明环境。

（2）大厅内设置的信息显示系统包括大屏幕显示和灯箱显示两种。为此照明系统的设置要避免高亮度、光束直接照射到其表面上影响显示对比度，同时还要避免具有较大发光面的灯具在其表面上形成的反射眩光。

（3）办理各项会务手续的柜台应设置重点照明。

（4）要求照明环境呈现舒适、柔和、均匀的特点，尽量避免产生眩光、闪烁刺激性效果。

（5）会展建筑内通常会设置各类商店和餐饮服务设施，其区域内照明指标应略高于大厅平均照明水平，以吸引用户进行消费。

（6）因多层垂直动线的需求，会展建筑内会布局一些中庭或垂直交通。在这部分区域，往往由于净高过大、灯具安装困难，需要考虑使用间接照明或在顶棚、垂直面上布置一定的效果照明。

（7）会展建筑是长时持续运营，要充分考虑照明系统节能运行，有效地利用天然光以及采取延长光源灯具寿命的措施。

3.4.2 会展建筑空间照度设计标准

会展建筑主空间照明标准值如表3-1所示。会展建筑公共区域照明标准值如表3-2所示。

会展建筑主空间照明标准值					表3-1
房间或场所	参考平面及其高度	照度标准值（lx）	UGR	U_0	R_a
会议室、洽谈室	0.75mm 水平面	300	19	0.60	80
宴会厅	0.75mm 水平面	300	22	0.60	80
多功能厅	0.75mm 水平面	300	22	0.60	80
公共大厅	地面	200	22	0.40	80
一般展厅	地面	200	22	0.60	80
高档展厅	地面	300	22	0.60	80

会展建筑公共区域照明标准值						表3-2
房间或场所		参考平面及其高度	照度标准值（lx）	UGR	U_0	R_a	备注
门厅	普通	地面	100	—	0.4	60	—
	高档	地面	200	—	0.6	80	—
走廊、流动区域、楼梯间	普通	地面	50	25	0.4	60	—
	高档	地面	100	25	0.6	80	—
自动扶梯		地面	150	—	0.6	60	—

房间或场所		参考平面及其高度	照度标准值（lx）	UGR	U_0	R_a	备注
厕所、盥洗室、浴室	普通	地面	75	—	0.4	60	—
	高档	地面	150	—	0.6	80	—
电梯前厅	普通	地面	100	—	0.4	60	—
	高档	地面	150	—	0.6	80	—
休息室		地面	100	22	0.4	80	—
更衣室		地面	100	22	0.4	80	—

3.4.3　会展建筑空间照明节能标准

会展建筑照明功率密度限值如表3-3所示。

会展建筑照明功率密度限值　　　　　　　　　　　　　表3-3

房间或场所	照度标准值（lx）	照明功率密度限值（W/m²）	
		现行值	目标值
会议室、洽谈室	300	≤ 8.0	≤ 6.5
宴会厅、多功能厅	300	≤ 12.0	≤ 9.5
一般展厅	200	≤ 8.0	≤ 6.0
高档展厅	300	≤ 12.0	≤ 9.5

3.5　会展建筑室内照明设计方法

目前国内外会展建筑大空间照明一般采用直接照明方式、间接照明方式、直接加间接的照明方式及天然采光。

3.5.1　直接照明

直接照明由对称排列在顶棚上的若干照明灯具组成，室内可获得较好的亮度分布和照度均匀度，所采用的光源功率较大，而且有较高的照明效率。这种照明方式耗电大，布灯形式较呆板。直接照明较为高效，使用直接照明时，需注意防眩光，要对灯具的防眩光作要求，建议增加防眩光格栅。直接照明是会展建筑最常用的照明方式，以LED筒灯这种典型的主照明工具为例，由于其光效高，出光均匀，无眩光等特点，使得空间明亮舒适，营造出简洁大方的氛围，同时也强调灯光对人的引导性。

3.5.2　间接照明

间接照明也称为反射照明，是指灯具或光源不是直接把光线投向被照射物，而是通过墙壁，镜面或地板反射后的照明效果。间接照明的功能已不只是满足于单一的照明需要，而是一种多元化艺术化的照明。如果灯具安装位置恰当，投光角度合适，可达到只见光不见光源（即无眩光），光线均匀柔和的效果。当顶棚的反射率高时，灯具发出的光的利用率就高，电能的损失就小些。虽然此种照明方式的舒适度更好，但其用光效率相比直接照明，则比较低。

3.5.3 直接与间接照明相结合

混合照明是在一定的工作区内由直接加间接的照明方式配合起作用，保证应有的视觉工作条件。良好的混合照明方式可以做到：增加工作区的照度，减少工作面上的阴影和光斑，在垂直面和倾斜面上获得较高的照度，减少照明设施总功率，节约能源。混合照明方式的缺点是视野内亮度分布不匀。会展建筑照明可利用间接照明来表现建筑结构的形态特点与风格，用直接照明来补充以及完成功能性照明的需求。

3.5.4 天然采光

天然采光是指设计门窗的大小和建筑的结构使建筑物内部得到适宜的光线。直接采光指采光窗户直接向外开设。一般而言，会展建筑的能源消耗都很大，因此在做照明设计时，除了保证人造光的运用外，也要充分利用好自然光，保证室内环境更趋于自然，并减少能耗。

3.6 会展建筑空间光源与灯具的使用

3.6.1 光源与灯具选择

1. 光源选择原则

（1）高效原则：按照高效、长寿命原则选择光源。

（2）高显色原则：按照环境对显色性的要求选择光源。

（3）色温原则：按照光源色温、光色选择光源。

2. 灯具选择原则

（1）节能原则：照明采用高效光源和高效灯具对于节约能源、降低运营成本是至关重要的措施，应选用节能高效的光源，如LED光源。应对灯具光效作具体要求。

（2）可靠原则：由于会展建筑每天运营时间较长，因此要求光源和灯具应具备较高的运行可靠性和较长的使用寿命，以降低维护运行的工作量和成本。

（3）安全原则：灯具要求坚固耐用，散热能力强并易于清洁维护，且灯具的IP等级应符合要求。

（4）功能原则：不同使用功能空间应安装不同种类的照明灯具，空间高度低于8m时，宜使用发光面积大、亮度低、光扩散性能好的灯具，如LED发光膜或LED平板灯。超过8m的空间宜选用效率高、防眩光的灯具，如LED筒灯或LED投光灯。

（5）方便原则：选择灯具要考虑更换方便。会展建筑照明灯具用量大，检修维护工作量多，尽可能选寿命长的灯具，减轻维护更换灯具的工作量。高大空间上部安装的灯具应考虑必要的维护手段和措施，如设置维修马道或采用升降式灯具。

（6）简约原则：灯具造型应简单，尽量不选择过于复杂的造型，颜色尽量与被安装面一致，同一种空间的多种灯具应保持色彩协调或款式协调。

（7）用于应急照明的灯具应选用能快速点亮的光源。

3. 灯具选型技术参数表应包含的参数

（1）电气参数：系统功率、输入电压。

（2）光源参数：光源类型、色温/光色、显色指数（LED光源应特别说明R_9参数）、光源寿命。

（3）光学参数：系统流明输出、配光曲线、光效、光束角、配光类型、色容差。

（4）灯具参数：整灯重量、灯具尺寸、灯体颜色、灯体材料、防护等级、工作环境温度、灯具外观参考、配件。

3.6.2 灯具维护方式

会展建筑区别于常规民用建筑，通常建筑层高会相对较高，在灯具的设置上需要考虑到日后维护检修的需要，通常来说，在高大空间的灯具维护考量上有以下三类方式：

（1）在吊顶内设置马道，维护人员可通行至每盏灯具，灯具本身在安装处理上会配置限位卡扣、吊杆，方便检修维护。

（2）在无法设置马道的高大空间内，可采取重型升降机械进行灯具维护，常规有蜘蛛车（灯具最大安装高度30m）及升降平台（灯具最大安装高度为16m）两种。一般会展建筑应建议合理配置，如图3-1所示。

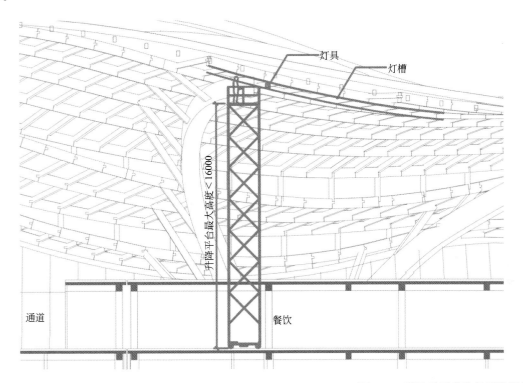

图 3-1 采取重型升降机械进行灯具维护

（3）灯具本身配置升降马达，通常用于灯具安装面与地面净高不超过15m的空间，如图3-2所示。

3.7 会展建筑控制策略及控制方式可行性分析

3.7.1 照明控制的作用

（1）营造良好的室内外光环境。

（2）节约能源：使用者需要时才使用它，尽量减少不必要的开灯时间、开灯数量和过高的照度。

（3）延长光源的寿命。

（4）提高了管理的科学性与高效性。

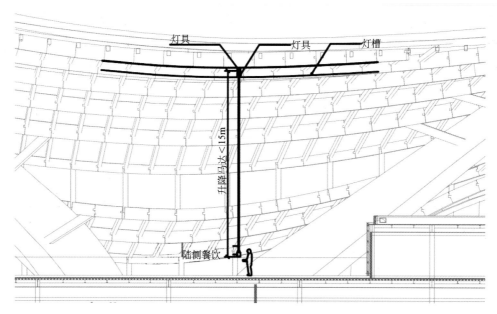

图 3-2 升降马达设置

3.7.2 照明控制策略

在实际的照明中，由于外界自然光受天气以及时间的影响是不断变化的，仅采用外界自然光是不能达到良好的照明效果的。为了能够达到良好的照明效果，需要结合人工照明。国内外常见的几种智能照明控制策略如下所示：

1. 时间表控制策略

这种策略是指把不同时刻和灯具的亮度对应关系录入控制系统，灯具根据不同时间段来自动地进行相应的调整，从而实现室内照度的自动调节。但由于天气情况存在很大的不确定性，以及场所使用时间的不确定性，导致该控制策略的实用性和灵活性都很差，而且很难进行自适应调整。

2. 自然光适应控制策略

随着自然光提供照度的变化来调节人工照明。使白天从窗子射入的天然光和室内人工照明合理、舒适地协调起来，形成良好的照明环境。该策略很好地解决了时间表控制策略的不足。一般有两种形式：

1）照度平衡型昼间照明

照度平衡型昼间照明指的是白天天然光照射在室内窗户附近的区域处，这样窗户附近和房间深处的照度就有了很大的差距，为了平衡这种照度差距，一般都通过人工照明对照度不足的区域进行补偿，或者减少窗户附近区域的人工照明，使室内整体照度保持平衡。

2）亮度平衡型昼间照明

亮度平衡型昼间照明主要是指让室内人工照明的亮度与窗的亮度比例平衡。因为白天室内的窗户会非常亮，相比而言会让人感觉窗户附近的顶棚以及墙壁比较暗，并且会看见人的剪影，让人感觉室内比较阴暗，因此必须让室内整体亮度保持平衡。假设窗的亮度有所降低，那么人工照明照度也要随之下降。

3. 空间状况控制策略

这种策略是指根据空间使用情况控制照明系统。通常有人员占有空间状态、与相应事务联动等控制策略。人员占有空间状态策略，利用传感器监测一定范围内是否有用户来选择是否开启人工照明；

与相关事务联动，比如航班联动，当相关照明需求产生时，开启相应照明系统。当监测到没有人员占用或相关事务结束，则在一定时延后关闭人工照明。

4. 按需调整控制策略

这种策略是根据室内不同区域，以及用户对光照度的要求不同，分别对不同区域内的灯具进行调节，从而满足不同用户对照度的需求。

5. 应急状态控制策略

这种策略是指根据消防应急需求制定的应急状态场景，对相应应急灯具进行调光。

3.7.3 照明控制方式

根据调光的精细程度可以分为静态开关控制、分阶调光控制、连续调光控制。

静态开关控制：根据照明控制策略的逻辑，对部分灯具进行开关控制。这种控制方式通常需要依据控制逻辑对灯具的回路进行设计。以自然光适应控制策略为例，当自然光提供的照度达到目标值时，关闭相应回路上的灯具。这种控制方式存在的问题是：当自然光水平在这个值上下不规则波动时将引起开关的频繁动作。为了避免这种麻烦，一般采取延时。

分阶调光控制：这种控制方式是针对照度需要，配合使用者的个人爱好，提供有不同效果照明场景，而不是只能以开关的方式控制照明。分阶式调光使用较多为0，1/2，1或者0，1/3.2/3，1两种。

连续调光控制：根据照明控制策略的逻辑，对灯具进行连续调光控制。以自然光适应控制策略为例，当自然光照度超过照度设定值时，将灯关掉。但是，自然光照度低于此值时，控制系统补充人工照明，以保持工作面照度值不变。

3.7.4 会展照明控制策略

针对会展建筑的公共区域，由于空间体量大，通常需采用集中控制。而正常工作环境下，会根据空间的功能属性选用时间表控制配合人工控制策略、空间状况控制策略、自然光适应控制策略等。

对于常规空间，出于造价的考虑，会采用时间表控制策略。但由于天气情况存在很大的不确定性，导致该控制策略的实用性和灵活性都很差。因此，通常还需要和人工控制策略配合使用。

对于功能时变属性特别强的空间，会采用空间状况控制策略。例如低峰运营时，卫生间、通道等功能空间，可以采用占空联动，可以最大限度地节约能耗。

会展建筑大空间通常会布置有大面积的玻璃幕墙或玻璃天窗，以获得充足的自然采光。自然光随时间、天气变化很大，自然光在室内产生的照度及其分布变化也非常剧烈。对于这些空间，可以采用自然光适应控制策略。一方面，出于节能的考虑，根据照度目标关闭或调节冗余的人工照明；另一方面，出于光环境舒适性的考虑，提供较稳定、平衡的照度或亮度分布。

3.8 案例分析

以首届中国国际进口博览会室内照明设计为例。

首届中国国际进口博览会将国家会展中心（上海）作为主会场，国家会展中心的室内照明设计意义重大且面临多重挑战，即在满足高大空间的常规功能性照明同时要兼顾摄像、摄影、展陈、会议等多种场景及模式的需要，同时在效果表现上要契合"大国风范、海派韵味"的主题。在整个设计过程中，照明功能性与照明艺术性始终既相互制约又紧密结合。照明的功能性有以下几个方面：空间的光环境划分与转换、特定作业任务的照明需要、光环境的舒适性控制、照明艺术性涵盖的空间色彩的还原与呈现、空间的亮度与光影表达等。

3.8.1　室内外光环境的明暗适应

　　人眼对明暗环境的适应有两种：从较暗环境到较亮环境的适应过程称为亮适应，其时间较短，通常在瞬间至数秒内完成，2 min后可完全适应；而从明亮环境到较暗环境的适应过程称为暗适应，其时间较慢，通常在5 min以上时间完成，要达到完全适应甚至能达1h。

　　由于进口博览会都是在白天召开，照明设计需充分考虑与会人员从明亮的室外步入室内时的光环境转换过渡问题。晴朗天空时，阳光直射地面照度为10^5lx左右，背阴处的照度为10^4lx左右。人在室外高照度标准环境中驻留时间长之后，一旦进入照度急剧下降的室内空间，人眼在暗适应的过程中会感觉非常不舒适。因此，迎宾大厅作为室外到室内的过渡空间，照度水平不宜降至室外照度水平的1/10以下。经过综合考量，照度水平定为1500lx，通过照度空间转换的设置，可以显著缩短人眼暗适应的时间。同时，迎宾大厅还承担着重要的迎客形象展示作用，其顶棚的大型吊灯取意"绽放"，形如盛放的花朵。因此，吊灯四周的灯具利用掠射、平洗等多种照明设计手法，将光分布设置从中心向四周密度递减，使整个空间主次分明、简洁大气。

　　迎宾大厅和主会场分别是会客和会议的正式场合，而作为两个空间之间转换的走廊应给人一种放松的感觉。因此共享厅（走廊）的照度水平降为1000lx，与迎宾大厅的1500lx形成对比，利用光线的明暗对空间进行划分。

　　当与会者到达主会场之后，照度标准又提升为1500lx，这样迎宾大厅—共享厅—主会场三者组成的大空间的照明富于层次变化，与人们在不同空间中特定的心理状态相适应。图3-3所示为会议中心（西厅）的照度分布图。

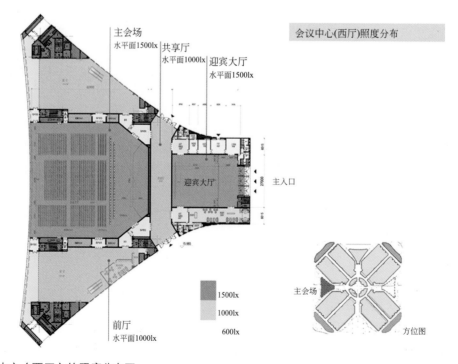

图3-3　会议中心（西厅）的照度分布图

会展建筑电气及智慧设计关键技术研究与实践

3.8.2 高大空间的垂直照明

本次照明设计的空间分为迎宾大厅、主会场、圆厅、平行论坛、过道等五个大区域。以迎宾大厅为例，迎宾大厅高度为8 m，是宾客进入会场空间的第一站，代表着整个会场的形象。与会者在此会面、交谈，宾客需要看清相互的面容，摄像机会全程记录这些活动。因此在迎宾大厅中，垂直面的照度相较于传统的评价标准—水平照度更为重要，尤其是主席台处的人像照明。照明设计中没有将垂直照度与水平照度孤立看待，而是保持了水平照度：垂直照度=2∶1的空间照度关系。针对拍摄的主要面（正入口和左侧主面）采用的垂直照度标准定为750 lx，均匀度控制在0.6以上，这使得迎宾厅成为一个兼具空间美感舒适又满足直播需求的室内空间。完工后照片如图3-4所示。

图 3-4　迎宾大厅照片

在设计之初，照明设计团队也试图借鉴青岛上合峰会会场以及厦门金砖会场两者均采用的照明设计手法—"顶面发光膜+局部重点照明"的模式，但最终由于项目本身"海派韵味"的特点，转而运用更为贴合项目实际的设计手法。

迎宾厅最终的垂直照明主要借鉴了舞台灯光的做法，采用了一道面光、二道面光以及耳光的处理方式。灯具方面，结合顶部玉兰花开的GRC造型设计采用圆形轨道布置表面加防眩网的深罩型轨道灯具，既能解决重大会议期间垂直照明的问题，也能兼顾后期运行维护的灵活性与节能考虑。垂直照明模拟如图3-5所示。

3.8.3 室内大面积色彩的照明矫正

整个迎宾厅内存在的另一个巨大的问题就是面积高达300 m²的表面略有花纹的正红色地毯。由于LED的发光光谱中红色光线的占比偏小，而当高照度水平的红色地毯向周围空间反射光线时，由地毯反射的红光与LED的光线叠加，极大地增加了LED发光光谱中红光成分的比例，所以当空间内只有方向性明确的水平面照明时，整个空间将呈现匪夷所思的粉红色调。因此，在这里必须考虑用其他的手法来去除由于地毯反射红光而引起的空间色差的影响。下照光及反射光的光谱分析如图3-6所示。

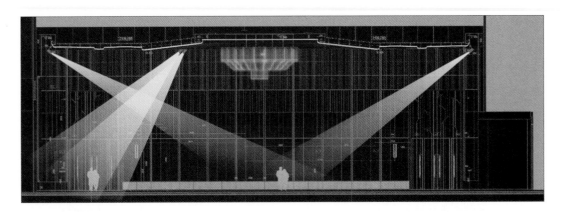

图 3-5　垂直照明模拟图

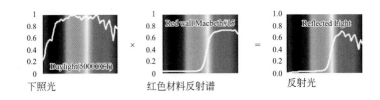

下照光　　　　　　　　　红色材料反射谱　　　　　　　反射光

图 3-6　光谱分析

因此在照明设计时，通过在垂直表面增加洗墙灯的方式提高了垂直面照度值，同时在周围墙面使用通长的自发光灯带（每米八段控制可实行色温及灰度变化，最终在场景的调配中起到垂直面中心转移的作用），使墙面的垂直照度达到700 lx以上；且在大顶增加了吸顶照明，形成从1 500 lx至400 lx的退晕，从而从垂直和水平两个维度全方位地削减地毯反射光的影响。如果没有实体天花造型的约束，空间的体型系数也是一个需要考虑的因素。利用大面积发光膜可以消减掉大部分的红光成分，对于室内大面积色彩的照明矫正能起到很好的作用。

在圆厅和平行论坛中，其墙面和顶面均为木饰面，地毯为大面积蓝色地毯，空间并没有出现地毯反射的蓝色色调问题。通过对比分析不难发现，首先蓝色的材料反射光谱相对于红色的材料反射光谱要弱得多，其次LED的光谱能量分布中红色光谱的绝对值低，蓝色光谱的能量绝对值高。因此，当地毯反射的蓝光叠加到LED本身发出的光线时，并不会过多改变LED原来的光谱构成，所以蓝色地毯对空间的影响较小。完工后照片如图3-7所示。

3.8.4　空间的亮度与色温表达

一般来说，水平照度反映的是人们在特定的光照条件下从事作业的指标，比如在主会场与平行论坛的会议桌上，必须满足特定的照度标准以满足与会者写字的需要；主席台上嘉宾面部的半柱面照度是满足摄像机摄影需求的评价指标。从经验上来讲，要利用光影对空间进行艺术性表达，亮度是比照度更为合适的评价指标。

主会场空间构架借鉴了中国古代建筑形态，用现代手段进行表达。墙面和顶部用浅色铝板层层叠级，用铜条、灯带勾勒，以近似"白描"的手法展现出"庑殿顶"的轮廓，展现气势恢宏的大国风范。因此，主会场的照明也融入了这一设计意向，运用透光膜对光的处理来达到整个空间的照明要求。透光膜的亮度为700 nit，主席台背景板的亮度为250 nit，而其他三面墙的亮度为500 nit。整体高亮度的墙面和顶面有扩展空间感的作用，使整个会场空间更加开阔和大气。同时，墙面和顶面的亮度也不是同一设置，而是通过亮度对比形成主席台背景墙、其余墙面、顶面的亮度呈现1∶2∶3的关系，主席台背景墙较低的亮度水平不影响摄像机对主席台上嘉宾人脸的拍摄，其余墙面利用高亮度扩展空间感且减轻眩光，顶面最大程度地突出特色天花造型。主会场完工照片如图3-8所示。

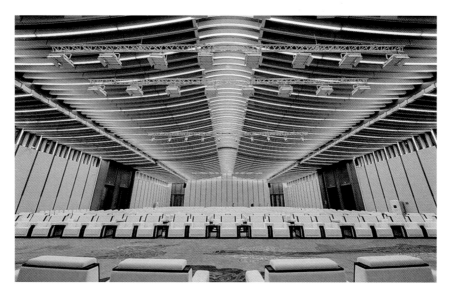

图 3-7　蓝色地毯完工照片

图 3-8　主会场完工照片

　　在会场的照明设计中还引入了可调色温的设置，其中多色温灯具通过DMX512系统，可以做到自由控制2 700～5 700 K的色温及明暗效果，将会场庄重、大气的中国元素潜移默化地演绎呈现出来。在对空间整体进行色温规划时，照明设计团队同时充分考虑了空间装饰面的色彩关系与空间亮度分布二者的协同影响，最终形成了如下的色温设置方案：墙顶面为浅色铝板、地面为红色地毯的主会场，色温稳定在3 500～3 700 K左右；墙顶面为木色饰面、地面为灰蓝色地毯的平行论坛，色温稳定在3000～3200 K左右。色温规划如图3-9所示。

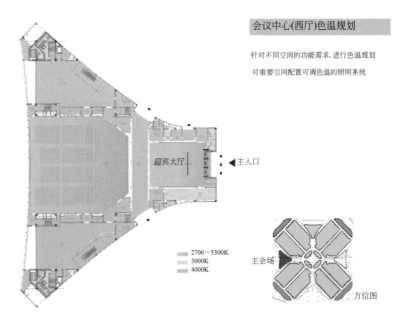

会议中心(西厅)色温规划

针对不同空间的功能需求,进行色温规划

对重要空间配置可调色温的照明系统

迎宾大厅

主入口

2700~5300K
3000K
4000K

主会场

方位图

图3-9　会议中心色温规划

3.8.5　展厅区域的照明方式

　　展厅区域往往在会展建筑中占了绝大部分的体量,且空间高大。整体的照明手法会以直接功能照明为主,提供满足规范标准的环境照明;在重点区域或有装饰性元素的区域配合重点照明或装饰照明;而展会期间展厅内的展位需要借助临时自设的照明设备。展厅平时及展会期间照片如图3-10所示。

图3-10　展厅平时及展会期间照片

第4章　会展建筑防雷与接地

会展建筑的防雷系统设计应结合当地环境、气象、地质等条件和雷电活动规律以及建筑物的特点，选择外部防雷措施和内部防雷措施。

特大型、大型会展建筑应按第二类防雷建筑物设计（其中特大型建议进行雷击风险评估），中型和小型会展建筑应计算年预计雷击次数后确定防雷等级。在雷电活动频繁或强雷区，应加强会展建筑的防雷保护措施。

会展建筑物电子信息系统可按简易雷击风险评估结果，从高到低划分为A、B、C、D四个雷电防护等级。简易雷击风险评估可采用下列两种方法：

（1）按会展建筑防雷装置的拦截效率确定雷电防护等级。

（2）按会展建筑电子信息系统的重要性、使用性质和价值确定雷电防护等级。

相关计算方法见《建筑物电子信息系统防雷技术规范》GB 50343—2012附录A。

对于特大型的会展建筑，宜采用以上两种方法进行雷电防护等级分级，并按其中较高防护等级确定。

按会展建筑电子信息系统的重要性、使用性质和价值确定雷电防护等级可参考表4-1的规定。

雷电防护等级　　　　　　　　　　　　　　　　　　　　　　　　　　　　　　　　　　　表4-1

雷电防护等级	设有电子信息系统的会展建筑规模
A 级	特大型会展建筑
B 级	大型会展建筑
C 级	中型会展建筑
D 级	小型会展建筑

会展建筑通常具有体量较大的展厅空间，这就导致其屋面通常采用较大跨度的金属屋面，另外，在大空间展厅中，会设有数量较多的展沟，这是会展建筑在防雷接地设计中与其他类型的建筑最大的不同，需要特别注意。

4.1　利用金属屋面做防雷

应遵守《建筑物防雷设计规范》GB 50057—2010第5.2.7条规定：金属屋面的建筑物宜利用其屋面作为接闪器，并应符合下列规定：

（1）板间的连接应是持久的电气贯通，可采用铜锌合金焊、熔焊、卷边压接、缝接、螺钉或螺栓连接。

（2）金属板下面无易燃物品时，铅板的厚度不应小于2mm，不锈钢、热镀锌钢、钛和铜板的厚度不应小于0.5mm，铝板的厚度不应小于0.65mm，锌板的厚度不应小于0.7mm。

（3）金属板下面有易燃物品时，不锈钢、热镀锌钢和钛板的厚度不应小于4mm，铜板的厚度不应小于5mm，铝板的厚度不应小于7mm。

（4）金属板应无绝缘被覆层。注：薄的油漆保护层成1mm厚沥青层成0.5mm厚聚氯乙烯层均不属于绝缘被覆层。

（5）屋面上的永久性金属物做接闪器应遵守《建筑物防雷设计规范》GB 50057—2010第5.2.8条规定。

（6）建筑物的钢梁、钢柱、消防梯等金属构件以及幕墙的金属立柱宜作为引下线，但其各部件之间均应连成电气贯通，可采用铜锌合金焊、熔焊、卷边压接、缝接、螺钉或螺栓连接；并符合《建筑物防雷设计规范》GB 50057—2010第5.3.5条规定。

（7）如采用夹有非易燃物保温层的双金属板做成的屋面板，在这种情况下，只要上层金属板满足《建筑物防雷设计规范》GB 50057—2010要求就可以；夹层的物质必须是非易燃物且选用高级别的阻燃类别，例如岩棉。

（8）屋架为网架形式，即通过球形轴铰合连接，其防直击雷做法与上述类同。

（9）对于屋面设置太阳能光伏设备的项目，光伏板及相关设备应考虑防雷接地措施。

（10）防雷击电磁脉冲：在变电所低压侧主开关、楼层配电箱及工艺机房分别设置不同等级的浪涌保护器，使其保护电压水平小于被保护设备的冲击耐受电压。

4.2　防雷做法节点大样

防雷各种做法如图4-1～图4-8所示。

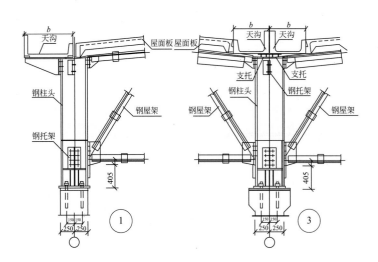

注：
1.图中钢托架为12m，与《梯形钢屋架》05G511配合使用。适用于屋架间距6m、柱距12m的单层厂房。托架两端设有钢柱头，铰接支承于钢筋混凝土或钢柱顶，包括厂房端部或温度缝接处柱距11.4m的钢托架。
2.钢托架、钢屋架等之间的连接已满足防雷的要求，无需另加处理。
3.本图系根据《钢托架》05G513相关图纸编制的。

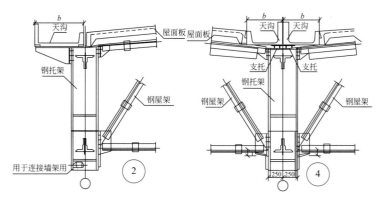

钢托架和钢屋架的防雷

图 4-1 做法一

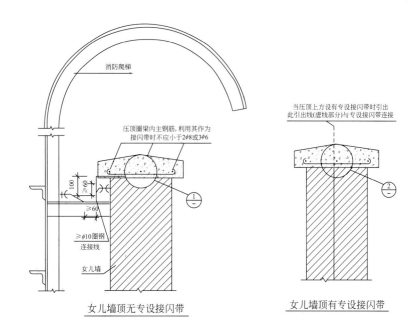

女儿墙顶无专设接闪带　　女儿墙顶有专设接闪带

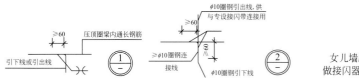

女儿墙压顶圈梁内钢筋
做接闪器和消防爬梯的连接

注:
1.引下线和引出线采用≥φ10圆钢或者利用女儿墙中两根相距500mm的φ8垂直筋或一根φ10垂直筋作为引下线。
2.引下线下端或者焊到圈梁主筋上(圈梁主筋再与柱主筋连接)或者直接焊到柱顶预埋件或钢屋架上。
3.引下线和引出线与女儿墙压顶圈梁内通长钢筋的连接优先采用焊接;导体之间的连接也可采用卡夹器连接。
4.引下线的数量和位置见具体工程设计,一般可设在伸缩缝的两侧以及每个柱子处;在顺着屋架方向的女儿墙上,还要结合屋架跨度考虑引下线的位置。
5.当女儿墙上设有铁栏杆时,要将引下线延长引出屋面与其连接,消防爬梯也改为与铁栏杆连接。
6.当土建设计由于抗震需要在女儿墙下面圈梁与压顶圈梁之间设有垂直筋时,可利用这些垂直筋的一部分作为引下线,被利用的垂直筋,其上端与压顶圈梁通常筋连接,下端与女儿墙下面圈梁的主筋连接。如需接引下线,则从女儿墙下面圈梁的主筋连接;女儿墙下面圈梁的主筋与柱主筋连接时,则不用再设专用引下线。当女儿墙内所有垂直筋的上端能与压顶钢筋网绑扎连接,下端能与女儿墙下面圈梁的钢筋网绑扎连接,则女儿墙内不必设专用引下线。
7.外露的钢件刷樟丹油一道、防锈漆两道。

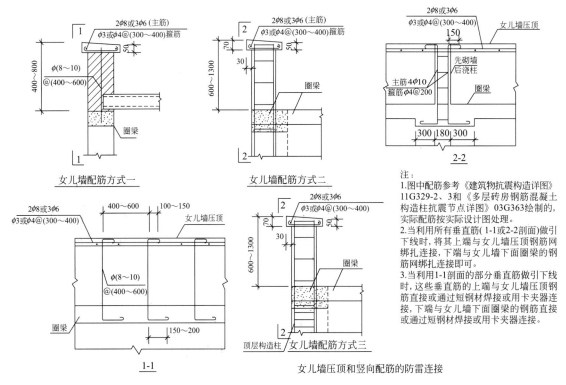

女儿墙配筋方式一　　女儿墙配筋方式二

注:
1.图中配筋参考《建筑物抗震构造详图》11G329-2、3和《多层砖房钢筋混凝土构造柱抗震节点详图》03G363绘制的,实际配筋按实际设计图处理。
2.当利用所有垂直筋(1-1或2-2剖面)做引下线时,将其上端与女儿墙压顶钢筋网绑扎连接,下端与女儿墙下面圈梁的钢筋网绑扎连接即可。
3.当利用1-1剖面的部分垂直筋做引下线时,这些垂直筋的上端与女儿墙压顶钢筋直接或通过短钢材焊接或用卡夹器连接,下端与女儿墙下面圈梁的钢筋直接或通过短钢材焊接或用卡夹器连接。

1-1　　女儿墙压顶和竖向配筋的防雷连接

图4-3　做法三

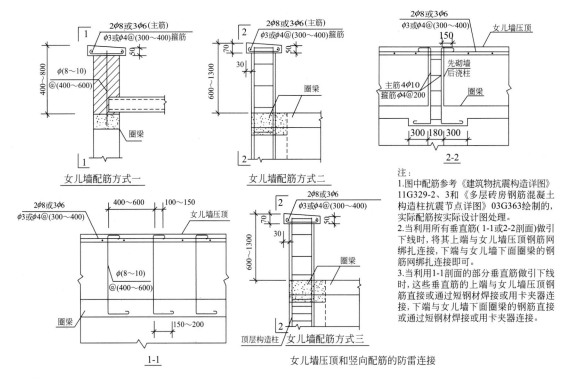

女儿墙配筋方式一　　女儿墙配筋方式二

注:
1.图中配筋参考《建筑物抗震构造详图》11G329-2、3和《多层砖房钢筋混凝土构造柱抗震节点详图》03G363绘制的,实际配筋按实际设计图处理。
2.当利用所有垂直筋(1-1或2-2剖面)做引下线时,将其上端与女儿墙压顶钢筋网绑扎连接,下端与女儿墙下面圈梁的钢筋网绑扎连接即可。
3.当利用1-1剖面的部分垂直筋做引下线时,这些垂直筋的上端与女儿墙压顶钢筋直接或通过短钢材焊接或用卡夹器连接,下端与女儿墙下面圈梁的钢筋直接或通过短钢材焊接或用卡夹器连接。

1-1　　女儿墙压顶和竖向配筋的防雷连接

图4-4　做法四

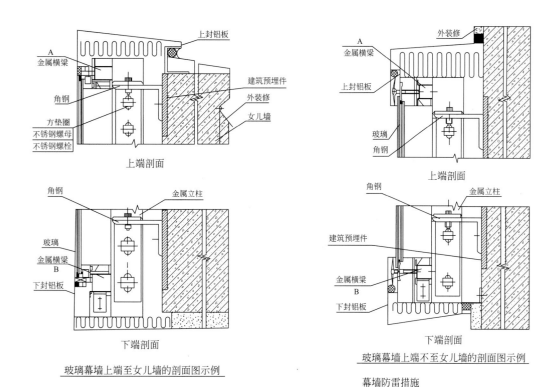

上封铝板
A
金属横梁
角钢
方垫圈
不锈钢螺母
不锈钢螺栓
建筑预埋件
外装修
女儿墙

上端剖面

角钢
金属立柱
玻璃
金属横梁
B
下封铝板

下端剖面

玻璃幕墙上端至女儿墙的剖面图示例

外装修
A
金属横梁
上封铝板
玻璃
角钢

上端剖面

角钢
金属立柱
建筑预埋件
金属横梁
B
下封铝板

下端剖面

玻璃幕墙上端不至女儿墙的剖面图示例

幕墙防雷措施

图 4-5　做法五

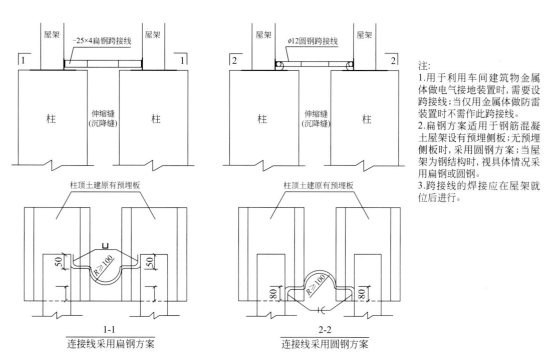

屋架　　屋架
-25×4扁钢跨接线
1　　　　1
柱　伸缩缝（沉降缝）　柱

屋架　　屋架
φ12圆钢跨接线
2　　　　2
柱　伸缩缝（沉降缝）　柱

注:
1.用于利用车间建筑物金属体做电气接地装置时,需要设跨接线;当仅用金属体做防雷装置时不需作此跨接线。
2.扁钢方案适用于钢筋混凝土屋架设有预埋侧板;无预埋侧板时,采用圆钢方案;当屋架为钢结构时,视具体情况采用扁钢或圆钢。
3.跨接线的焊接应在屋架就位后进行。

柱顶土建原有预埋板
50　R≥100　50

柱顶土建原有预埋板
80　R≥100　80

1-1
连接线采用扁钢方案

2-2
连接线采用圆钢方案

钢筋混凝土柱伸缩缝处柱顶跨接线

图 4-6　做法六

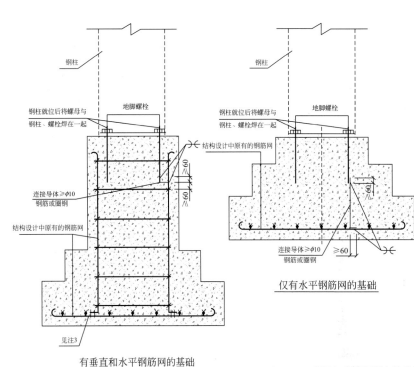

注:
1. 每个基础中仅需一个地脚螺栓通过连接导体与钢筋网连接。
2. 连接导体与地脚螺栓和钢筋网的连接采用焊接。在施工现场没有条件进行焊接时,应预先在钢筋网加工场地焊好后运往施工现场。
3. 有垂直和水平钢筋网的基础,它们之间的连接采用:
3.1 将与地脚螺栓焊接的那一根垂直钢筋焊接到水平钢筋网上(当不能直接焊接时,采用一段≥φ10钢筋或圆钢跨焊);
3.2 将与地脚螺栓焊接的那一根垂直钢筋用螺栓紧固的卡夹器同水平钢筋网连接;
3.3 当四根垂直主筋能接触到水平钢筋网时,采用土建施工中通常的绑扎法将这四根垂直钢筋与水平钢筋网连接。
4. 当基础底有桩基时,将每一桩基的一根主筋同承台钢筋焊接。

| 钢柱与钢筋混凝土基础的连接 | 图集号 | 15D503 |

图 4-7　做法七

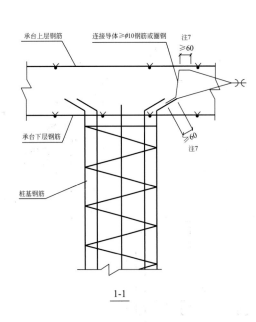

6. 建筑物周边有护坡墙时,应利用其锚杆作为接地体。做法是:用≥φ10圆钢或钢筋或者用≥25×4扁钢将所有锚杆及钢丝网连接起来,然后两端与建筑物基础钢筋连接,与土壤接触的钢材用1:2水泥砂浆保护起来,水泥砂浆保护厚度≥50mm,即直径≥100mm。
7. 焊接长度为圆钢直径的6倍。

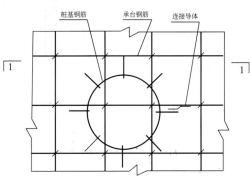

注:
1. 当基础底有桩基时,宜按本图施工。
2. 本图适用于现场浇筑的桩基和承台。
3. 当不能采用焊接法连接时,可采用螺栓紧固的卡夹器连接。
4. 当桩基为预制桩基时,由于预制桩基就位后,一般在顶端要打掉一定长度的混凝土,之后,将外露的钢筋按本图处理。
5. 建筑物周边有护坡桩时,应利用其作为接地导体。做法是:护坡桩顶留出一根钢筋,用≥φ10圆钢、钢筋或者用≥-25×4扁钢将其连接起来,然后两端与建筑物基础钢筋连接,与土壤接触的钢材用1:2水泥砂浆保护,水泥砂浆保护厚度≥50mm,即直径≥100mm。

| 桩基钢筋体与承台钢筋体的连接 | 图集号 | 15D503 |

图 4-8　做法八

4.3 会展建筑接地设计内容及流程

4.3.1 收集相关资料

（1）收集设计项目可用于作为接地装置的建筑物、构筑物基础内的金属体及建筑物位于户外的自然接地极等相关资料。

（2）收集工程项目高压系统接地方式、低压配电系统接地型式的资料。

（3）收集工程项目供电、变电、配电系统的设备、构架等的布置及相关机房，布线系统做法及电缆敷设技术夹层、竖井尺寸和布置；高压、低压发电设备的技术数据、布置及机房；用电设备及控制设备的布置及机房等资料。

（4）收集工程项目中爆炸危险环境、火灾危险环境、防静电、防腐场所等相关条件和资料。

（5）收集工程项目各子项防雷工程对接地配置要求的资料。

（6）收集工程项目各子项的接地网、腐蚀介质、地形地貌、土壤等资料。

（7）收集工程项目所在地的相关规定、法规及公用电网部门电力系统接地的要求和做法。

4.3.2 接地的设计

（1）会展建筑展区内的主沟内应敷设一根40mm×4mm热镀锌扁钢作为接地干线，辅沟内应敷设一根25mm×4mm热镀锌扁钢作为接地干线，且宜明敷。

（2）展位箱内的接地端子板、主沟和辅沟内的金属支架、金属管道均应与接地干线连接，并应通过接地干线与总等电位接地端子可靠连接。

当展位内的电气或电子设备有接地要求时，可与就近的展位箱内预留的接地端子板相连接。

（3）接地电阻：

① 电力系统接地的接地电阻值计算应符合现行国家标准《交流电气装置的接地设计规范》GB/T50065、《低压电气装置 第5-54部分：电气设备的选择和安装 接地配置和保护导体》GB 16895.3的相关规定。低压系统电源功能接地、保护接地、防雷接地、防静电接地、弱电系统的功能接地共用同一接地装置时，接地电阻应满足所采用接地系统的最低值要求。

② 当自然接地体或人工接地体满足不了接地电阻值要求时，可采用降阻剂。

4.3.3 相关专业互提资料

（1）接地极利用建筑物的基础金属体、钢结构、金属构件及埋入基础下土壤内等，需向建筑、结构专业提预留、预埋的条件。

（2）保护等电位联结、保护接地、静电设计涉及给水排水、暖通、动力、管道、工艺、储运等专业的金属设备及构件、管道等的接地部位位置及连接方式向电气专业提条件。

（3）接地网、接地母线、防静电干线的规划和设计需与变配电系统、动力及照明系统、布线系统、数据处理系统、弱电系统、雷电防护、静电防护、防爆及火灾防护、生产工艺特性设计密切配合。

第5章　会展建筑电气防灾研究

5.1　火灾自动报警及联动控制系统

（1）按规模或物业管理界面合理设置消防控制中心和分控室。通常大型特大型会展综合体，建议采用消防总控室+消防分控室+消防区域机房模式，其中，消防区域机房为无人值守，此种模式可以有效降低工程造价和运营成本。消防控制室的位置除了满足国家规范要求外，还应满足项目所在地的规范要求，比如浙江省，就要求消防控制室应设置在首层或者地下一层贴下沉式广场设置，且离消防泵房的步行距离不超过180m。

（2）大中型展览中心除了设置消防控制室外，还应考虑设置小型消防站，用于消防队员的驻扎，其位置可以与消防总控制中心合并。

（3）消防控制室内的设备应按照规范要求设置，在控制室内需设置一部可以直接报警的外线电话及与城市消防指挥中心通信的网络接口，方便与上级城市防灾网络进行连接。

（4）控制室内一台火灾报警控制器所连接的火灾探测器、手动火灾报警按钮和模块等设备总数和地址总数，均不超过3200点，当超过时，增加火灾报警控制器，其中每一总线回路连接设备的总数不超过 200点，且留有额定容量 10%的余量；一台消防联动控制器地址总数所控制的各类模块总数不超过1600点，当超过时，增加消防联动控制器，每一联动总线回路连接设备的总数不超过100点，且留有额定容量10%的余量；除消防控制室内设置的控制器外；消防广播线，消防电话线需单独敷设，与其他消防线缆共桥架敷设时应加隔板。消防联动控制器系统需提供与可燃气体探测报警系统、电气火灾监控系统、消防电源监控系统、防火门监控系统、应急照明和疏散指示系统、安全技术防范系统、IBMS系统的接口。

（5）消防水泵、防烟和排烟风机等重要的消防设备在消防控制室设手动直接控制装置。

（6）火灾探测器的设置按规范要求设置即可。

（7）手动报警按钮，原则上应满足从一个防火分区内的任何位置到最近的一个手动火灾报警按钮的步行距离均不大于30m，但实际情况是很多展厅中间是无柱结构，中间没有条件安装手动报警按钮，那么这种情况下，通过在展厅四周的墙上增设手动报警按钮（一般是按照两只按钮之间的间距不超过30m）来解决或者通过消防评审来明确按钮的安装间距。

（8）在每个楼层的楼梯口、消防电梯前室、建筑内部拐角等处的明显部位均设置火灾光警报器。每个报警区域内均匀设置火灾声光警报器，其声压级不小于60dB；在环境噪声大于60dB场所，其声压级应高于背景噪声15dB。

（9）水流指示器安装于自动喷淋系统分区支管上，当喷淋系统启动后，水流指示器会被触动而发出报警并能指示失火区域。

（10）每个楼层均设置火灾显示盘。

（11）消防水池应设置就地水位显示装置，并在消防控制中心设置显示消防水池水位的装置，同时有最高和最低报警水位。

（12）消防联动控制系统对下列设备进行联动控制：

① 消火栓系统、喷淋系统、防排烟系统、防火卷帘和电动挡烟垂壁系统、电动排烟窗系统、防火门控制系统、电梯的联动控制、火灾警报和消防应急广播系统、消防应急照明疏散指示系统、非消防电源的切除、门禁控制系统的联动控制等。

② 消防联动控制器能按设定的控制逻辑向各相关的受控设备发出联动控制信号，并接受相关设备的联动反馈信号。

③ 消防联动控制器的电压控制输出采用直流24V，其电源容量应满足受控消防设备同时启动且维持工作的控制容量要求。

④ 启动电流较大的消防设备可分时启动。

⑤ 各受控设备接口的特性参数与消防联动控制器发出的联动控制信号相匹配。

⑥ 需要火灾自动报警系统联动控制的消防设备，其联动触发信号采用两个独立的报警触发装置报警信号的"与"逻辑组合。

（13）火灾自动报警系统联动控制逻辑关系：

大中型会展建筑规模体量大，需要联动的消防设备也会相应的比较多，为了避免因联动设备多，无法及时启动的风险，火灾自动报警控制系统应根据火灾探测区域和消防设备（消防泵、消防风机、各消防用的阀门等）的控制要求提前制定好控制逻辑方案，以便在火灾时，联动控制器可在3s内按预设好的控制程序，向各相关的受控设备发出准确的联动控制信号，控制现场的受控设备按预定的要求动作。

火灾自动报警系统联动控制逻辑关系图如图5-1所示。

5.2 高大空间消防设计策略研究

5.2.1 高大空间火灾探测器选择及设置

鉴于会展展厅空间高大，热烟羽流在上升及蔓延过程中将会卷吸大量的空气，产生大量烟气的同时，造成烟气层温度、浓度大大衰减，容易发生烟气沉降、弥散现象，夏季时还易出现热障效应。因而传统的顶棚安装的点式感温或感烟探测器都难以正常启动。对市面上各种探测器的参数特性分析研究，可供选择的火灾探测器主要有：图像型火灾探测器、极早期空气采样探测器、红外光束感烟探测器等。相关特性详见表5-1。

大空间建筑火灾探测系统 表 5-1

探测系统	传感机理	探测距离	控制面积	抗震性	热障影响	安装方式
空气采样感烟探测	接触式吸气感烟	吸气孔参照点式感烟探测器	依据吸气孔	好	有	顶棚吸气管
普通光速对射探测	减光式光电感烟	100m	1400m²	差	无	空间中部侧墙，需准直
反射光束感烟探测	减光式光电感烟	50～100m	<1400m²	一般	无	空间中部侧墙，需准直
光电火焰探测	辐射热感火焰	15～30m	300m²	好	无	空间中部侧墙，无需准直
图像型火焰探测器	图像式感火焰	100m	1200m²	好	无	空间中部可定位，无需准直

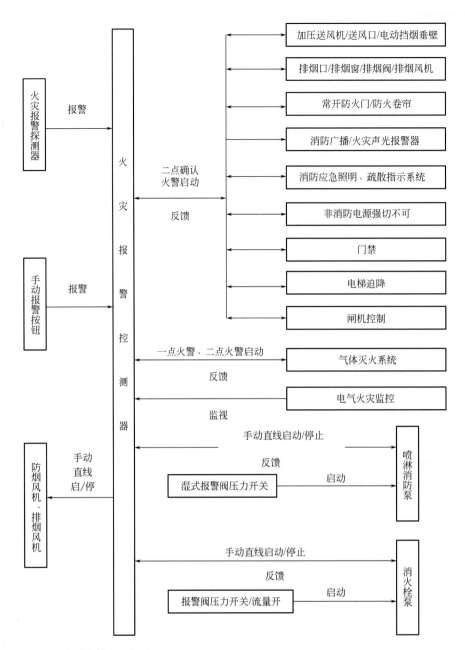

图 5-1　火灾自动报警系统联动控制逻辑关系图

　　根据《火灾自动报警系统设计规范》GB 50116—2013中相关要求，超过12m的高大空间，宜选用两种探测参数的探测器。结合会展建筑特点、各类探测器的性能特点以及对烟雾蔓延特性，会展建筑展厅等大空间内建议选用线型光束感烟探测器和图像探测器。

　　线型光束感烟火灾探测器：通过获取被监测现场的烟雾信息，经系统主机进行分析处理和智能判定后，自动进行火警预报，每只接收器可对应接收多只发射器的光信号，可对被保护空间实施任意曲面式覆盖。安装方式采用分层组网的探测方式，提高烟雾探测的及时性。

　　图像型火焰探测器：通过对火灾的热、色、形、光谱及运动特性的研究，基于红外影像的频域纹理模型、闪烁模型，基于彩色影像和红外影像的双波段火灾识别模型，采用了图像处理、计算机视觉、人工智能等多项高新技术，实现建筑火灾的快速探测、发现。图像探测器宜安装在桁架下弦0.5m

处，方便空间内全面覆盖探测。

5.2.2 高大空间消防设施之间的联动逻辑分析

1. 排烟风机的联动

火灾探测器的布置原则除了满足规范要求外，还应考虑暖通专业防烟分区的设置及防排烟系统的控制要求（主要是风机与阀门）等因数。原则上，尽量按防烟分区设置探测器，以便火灾报警系统能准确地探测到着火区域，从而联动该区域的排烟风机和对应的防火阀动作。但在实际的项目设计过程中，线型光束探测路径上会出现多个防烟分区，一旦这些防烟分区内某个分区发生火灾，报警系统无法判定具体是哪个防烟分区内出现火灾，从而造成控制系统无法准确并及时启动相关的排烟风机和防火阀。

如何解决上述问题，需要电气专业与暖通专业共同商定，具体可有以下几个方案：

（1）探测器按照防烟分区设置，每个防烟分区内设有对应的探测器。一旦探测到烟雾，系统可精准地启动排烟风机和防火阀门。

（2）当无法做到按防烟分区设置探测器时，报警联动系统应启动探测路径上所有防烟分区相关的排烟风机和防火阀，并与暖通专业协调排烟风机数量或者风管管井的调整。

2. 自动跟踪定位射流灭火装置

（1）线型光束感烟火灾探测器或图像型火焰探测器报警，联动信号传输到自动跟踪定位射流灭火装置控制主机联动设备运行。自动跟踪定位射流灭火装置采用自动及手动方式控制。

（2）自动灭火：通过自带视频系统自动跟踪火源灭火。

（3）中控室远程控制：值班人员可通过视频系统和远程操作系统对灭火装置进行远程控制，操纵灭火装置进行灭火。

（4）就地手动控制：直接利用装设在灭火装置附近的"现场控制箱"面板上的"手动控制盘"对消防炮进行操作实施灭火，并自动地向主控台报警。

（5）报警信息传输到大楼火灾报警控制器，由其联动其他消防设备。

5.2.3 高大空间电气火灾监控

根据相关部门的研究，电气火灾占重大火灾总数的70%左右。电气火灾指供配电线路及其线路中各种用电设备（电器）由于故障而引发的火灾。直接引发电气火灾的因素主要三种：过热、电弧性放电、短路，引燃周围可燃物。

会展建筑，经常会举办各类展览或活动，每次展览或活动，展厅内都会有大量的临时用电需求，设备插接频繁，极易引发电气火灾，为避免因电气火灾造成的人员财产等损失，电气系统可采取以下措施：

（1）在变电所低压出线开关、部分楼层总配电箱进线处设置保护，监控主机设置在消防控制室。

（2）安全隐患较大的配电柜内设置测温式电气火灾监控探测器，用于发热特征的故障探测。

（3）探测漏电电流、温度等信号，发出声光信号报警，准确报出故障线路地址，监视故障点的变化。

（4）展厅等高度大于12m场所照明回路设置故障电弧探测器。

（5）监控器按照只报警不跳闸设计。

（6）展沟内设置防护等级IP55的电气综合展位箱，展位箱至展位供电预留IP67防护等级的工业插座（连接器）。每路出线设置30mA漏电保护。

（7）展厅配电小间内展位配电柜设置电气火灾监控器。配电柜至展位箱出线采用放射式供电，展沟内无电缆接头。

5.3 会展建筑电气设备抗震要求

（1）内径不小于60mm的电气配管及重力不小于150N/m的电缆桥架、电缆槽盒、母线槽均需进行抗震设计。

（2）变压器安装：变压器安装就位后需焊接牢固，内部线圈需牢固固定在变压器外壳内的支承结构上，变压器的支承面适当加宽，并设置防止其移动和倾倒的限位器；对接入和接出的柔性导体预留有位移的空间。

（3）蓄电池、电力电容器的安装：蓄电池需安装在抗震架上；蓄电池间连线需采用柔性导体连接，端电池采用电缆作为引出线；蓄电池安装采取防止倾倒措施；电力电容器需固定在支架上，其引线采用软导体。采用硬母线连接时，需装设伸缩节装置。

（4）配电柜（箱）安装：配电柜（箱）的安装螺栓或焊接强度需满足抗震要求；靠墙安装的配电柜（箱）底部安装需牢固，当底部安装螺栓或焊接强度不够时，需将顶部与墙壁进行连接；当配电柜（箱）等非靠墙落地安装时，根部需采用金属膨胀螺栓或焊接的固定方式；壁式安装的配电箱与墙壁之间需采用金属膨胀螺栓连接；配电柜（箱）内的元器件应考虑与支承结构间的相互作用，元器件之间采用软连接，连线处做防震处理；配电柜（箱）面上的仪表应与柜体组装牢固。

（5）设在水平操作面上的消防、安防设备需采取防止滑动措施。安装在吊顶上的灯具，需考虑地震时吊顶与楼板的相对位移。

（6）配电导体当采用硬母线敷设且直线段长度大于80m时，每50m设置伸缩节；在电缆桥架、电缆槽盒内敷设的线缆在引进、引出和转弯处，在长度上留有余量；接地线需采取防止地震时被切断的措施。

（7）引入建筑物的电气管路在进口处采取抗震措施；电气管路穿越抗震缝时在抗震缝两侧各设置一个柔性接头；电缆桥架、电缆槽盒、母线槽在抗震缝两侧应设置伸缩节；抗震缝的两端应设置抗震支撑节点并与结构可靠连接。

（8）电气管路敷设当线路采用金属导管、电缆桥架、电缆槽盒敷设时，需使用刚性托架或支架固定，当使用吊架时应安装横向防晃吊架；金属导管、电缆桥架、电缆槽盒穿越防火分区时，其缝隙应采用柔性防火封堵材料封堵，并在贯穿部位附近设置抗震支撑；金属导管的直线段部分每隔30m设置伸缩节。

（9）配电装置至用电设备间连线当采用穿金属导管敷设时，进口处应转为挠性线管过渡；当采用电缆桥架、电缆槽盒敷设时，进口处应转为挠性线管过渡。

5.4 消防应急照明和疏散指示系统

展厅等大空间的疏散指示灯的面板宽度应按照规范要求设置大型灯具，疏散标志灯的安装位置以及尺寸应保证人员在任何位置都能看到。人员密集场所疏散照明的地面最低水平照度应按照规范要求或消防评审会要求的照度进行设计。

5.5 案例分析

以国家会展中心为例，其主要防火策略如下：

5.5.1 探测器的选用及联动控制

选用双波段+光截面火灾探测器（红外+图像）作为消防水炮系统前端探测部分（安装在侧墙上和马道下），由它们进行火灾探测，一旦探测到火情，并将采集到的现场信息送给消防水炮系统的控制主机，并联动消防水炮动作。选用红外感烟型火灾探测器作为火灾自动报警系统中的常规探测器，采用双层设置（图5-2），当它探测到火情后，将采集到的信息送给消防控制中心，由消防报警主机联动控制着火区域的排烟风机，防火卷帘等消防设备以及一些非消防设备的联动动作。

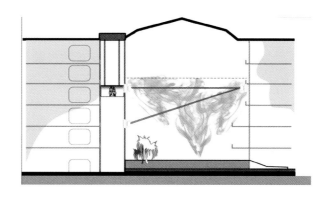

图 5-2　双层设置

5.5.2 消控中心设置分析

消控中心设置如图5-3所示。

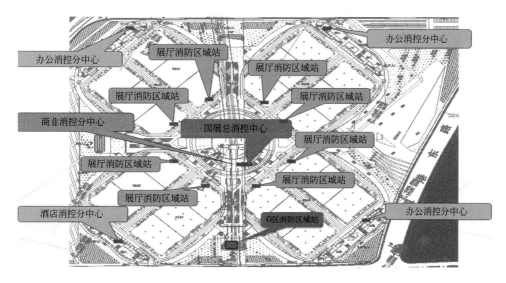

图 5-3　消控中心设置

5.5.3 消防总控中心

消防总控中心兼做应急指挥中心和消防站，总控中心的位置选在中心位置E1区一层（门口可停消防救援车辆），这样即缩短了各类消防信号线，控制线的长度，而且与每个展厅距离都不是很远，一旦有火灾发生，相关管理人员和消防人员可以快速地赶往火灾发生地，大大地缩短了救援时间。

消防分控中心：另外考虑到以后物业管理上的便利，在办公和酒店一层设置消防分控室，可以独立控制各自本大楼的消防设备。消防设施均各自独立，并独立运行，且分控中心可将信号上传位于E1区的消防总控中心。消防分控室平时有人值班，有外线电话。

消防区域站：根据展览建筑的运营特点（人流潮汐式，体量大，物业管理难度大），分别在展览区域设置各自的消防区域机房，平时无人值守，保留工位，在需要时（主要是举办展览期间）使用。区域机接收各自区域中的报警等信号，也接收放置于区域机房的电气火灾监控发出的报警信号。所有各区的信号通过总线送到位于E1区的消防总控中心，所有手动启动线全部引至E区消防总控中心，由总控进行控制。

通过总消控中心、消控分中心和消控区域站的有机结合，既实现了超大体量建筑的火灾防护，也使得消防分控室的数量更加的合理，有更好的经济性。

5.5.4 脉冲风机的控制逻辑分析

高大空间无法采用物理隔断来划分防火分区，因而采用设置防火隔离带的方法进行分区，即在建筑内根据可能的火灾荷载及火灾规模设置相应宽度的通道，该通道内不设可燃物，以防止火灾向大面积范围内蔓延。那么如何防止火灾蔓延呢，通过消防性能化分析，防排烟系统创造性地采用了脉冲风机来对烟气进行有效的控制和疏散（将蔓延到相邻防火保护区的烟抽回到火源所在的中间防火保护区），从而使防排烟系统满足消防规范，并顺利地通过了消防验收，如图5-4所示。

图5-4 脉冲风机

1. 脉冲风机的布置

在防火隔离带两侧分别设置一组脉冲风机，每组设5台，则一个防火隔离带共计设有10台，一个展厅共有20台，编号Imp01～Imp20，如图5-5所示。

2. 脉冲风机的控制逻辑

模式一（图5-6）：

当中间区域A着火，该区域的火灾探测器探测到火灾，并由消防控制中心确认后，由消防报警主机发出火灾信号至脉冲风机控制系统，并由脉冲风机控制系统联动开启编号为Imp01～Imp10的脉冲风机，使之低速向中间区域A吹风，再由A区的排烟风机，把烟气排至室外，当防火隔离带内的烟气浓度超过脉冲风机自带的探测器预设的阈值时，脉冲风机改为高速运行。

模式二（图5-7）：

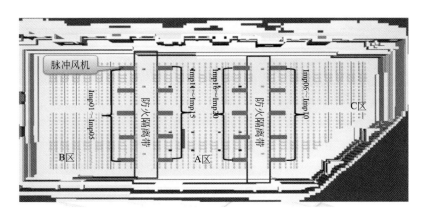

图 5-5　脉冲风机的布置

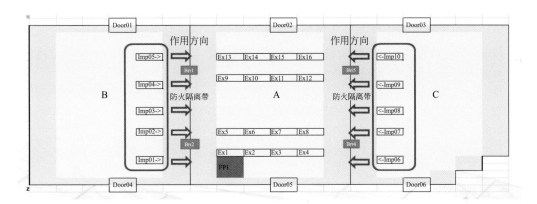

图 5-6　脉冲风机控制方式一

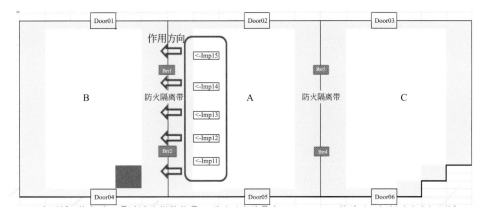

图 5-7　脉冲风机控制方式二

当B区域着火，该区域的火灾探测器探测到火灾后，并由消防控制中心确认后，由消防报警主机发出火灾信号至脉冲风机控制系统，并由脉冲风机控制系统联动开启编号为Imp11～Imp15的脉冲风机，使之低速向区域B吹风，再由B区的排烟风机，把烟气排至室外，当防火隔离带内的烟气浓度超过脉冲风机自带的探测器预设的阈值时，脉冲风机改为高速运行。

模式三（图5-8）：

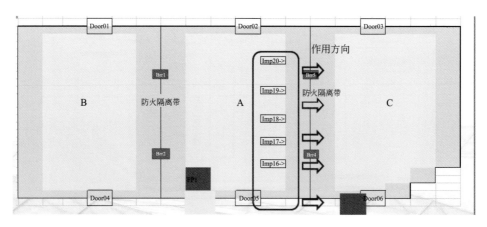

图5-8 脉冲风机控制方式三

当C区域着火，该区域的火灾探测器探测到火灾后，经消防控制中心确认后，由消防报警主机发出火灾信号至脉冲风机控制系统，并由脉冲风机控制系统联动开启编号为Imp16～Imp20的脉冲风机，使之低速向区域C吹风，再由C区的排烟风机，把烟气排至室外，当防火隔离带内的烟气浓度超过脉冲风机自带的探测器预设的阈值时，脉冲风机改为高速运行。

第6章 会展建筑物业管理及维护

6.1 概述

会展建筑项目往往体量大,有独立会展建筑,也有与其他功能楼栋组成建筑群的。会展建筑包含多种业态,常见的有会展、办公、会议、商业、酒店等。多种业态汇聚一起,各电气系统(包括供配电系统及各类监控系统)分界面划分是重点,尤其是在设计之初,物业运营界面尚未最终确定的情况下,设计既要保留灵活性,又不要过于分散。就电气系统而言,上述物业管理界面主要影响的内容包括供配电系统、应急柴油发电机系统及各种监控管理系统。

(1)根据建筑功能业态,物业管理分设系统。

① 优点:产权明确,机电系统独立简单,易实现独立计量,便于日后的运营管理,有利于营销,亦可分期开发,且对物业管理服务水平要求低。从开发、建设、销售方面,灵活性增加,满足大单销售的要求。

② 缺点:机电系统均须独立设置,设备机房面积相对较多,初期投资的成本增加。

(2)统一物业管理,机电系统合用。

① 优点:各机电系统统筹考虑,可以节约机房面积,减少初期投资。

② 缺点:由于建筑体量大、综合性强,机电系统相对较为复杂且要求高,不易实现独立计量,只能按面积测算并分摊运行费用。另外,机电系统不独立易造成运营界面分割困难,设备维护保养工作易出现纠纷。无法分期开发,必须整体开发,不利于营销,另外对物业管理服务水平有较高要求。从开发、建设、销售方面来看,有较大的局限性。

结合当前会展建筑项目建设特点,从开发、建筑、销售、管理等方面综合考虑,采用机电系统及物业管理分设的方案更为合适。

6.2 电气系统典型分界面

6.2.1 市政供电电源

根据上述分析的会展建筑常见功能,针对不同物业,供电有其不同要求。绝大多数会展建筑中的酒店,往往是由酒店管理公司独立运营,一般要求市政供电电源从进线侧就要分开,不与其他物业共用。其他物业(业态),一般供电可以考虑合用市政电源,在项目用户站内再行分配。

对于35kV供电,因其每路所带负荷容量大,一般降压至10kV后再行分配。而对于10kV/20kV供电等级,由于其带载容量有限,而会展建筑每个功能区容量大,供电从市政电源就分开了。此类会展建筑往往会要求同时多路10kV/20kV同时进线,具体视项目规模及用电需求、当地供电情况确定。

6.2.2 自备应急电源

（1）会展建筑用电负荷分级可根据《会展建筑电气设计规范》JGJ 333—2014表3-2.1、《民用建筑电气设计标准》GB 51348—2019附录A中序号11选择确定，其中特大型会展建筑应急响应系统、珍贵展品展室照明及安全防范系统用电为一级负荷中特别重要的负荷，需要设置应急柴油发电机。

（2）会展建筑中会议系统用电负荷分级根据其具备会议的重要性确定。

（3）五星级酒店一般会要求单独设置酒店专用柴油发电机，作为酒店重要负荷的备用电源及应急电源。

（4）办公业态伴随着越来越多的银行、金融中心、交易中心、基金公司、保险公司等金融机构的入驻，商业根据其招商要求也具有较多的不确定因素，针对此类特殊租户的备用电源需求，常规考虑为此类特殊租户供备用电源的预留安装空间，为租户将来安装备用应急发电机所用，其相关的新风系统、排烟系统、燃料系统、冷却系统、应急电源系统等管井位置及干线路由都作预留，将来只需根据租户要求，安装备用应急发电机即可。

（5）目前新建项目中预留客户自备电源空间也是重要指标，可根据建筑的档次定位和所处地理位置等考虑预留。常见的指标按租户面积10W/m²、15W/m²或20W/m²预留。

6.2.3 消防安保中心总控与分控设置策略

随着控制技术的发展，会展建筑中各类监控系统越来越多，也越来越先进，大大提高了管理效率。各类监控系统的具体设置不是本章节讨论的重点，本章节主要讨论其物业管理，按此角度，常见的涉及管理值班的监控系统主要包括两类：防灾类和监控类。监控类如BAS系统、视频监控系统等往往根据物业管理来区分界面，灵活性较高，也不具备通用性；而防灾类系统，主要是指消防报警控制及联动系统，在会展建筑中，具有一定的代表性。

消防控制室的设置原则如下：

（1）消防与安保合用一间（合用房间较为节约面积，同时也更便于工作人员开展工作）。

（2）有两个及以上消防控制室时，应确定一个主消防控制室。

① 各业态分设消防控制室

优点：各业态分设消防分控室，管理分界清晰，能适应未来不同的管理需求，消防分支线缆不用汇集至消防总控制室，线缆相对较少。

缺点：占用机房面积相对较多，管理较为分散，所需消防值班人员多。

② 各业态合用消防控制室

优点：占用机房总面积少，管理集中，所需消防值班人员少。

缺点：消防总控制室的位置选址要求较高，各业态的消防线缆均汇集至消防总控制室，线缆相对较多，不适应今后拆分管理要求。

③ 酒店单独设置消防控制室，其他业态合用消防控制室

优点：满足常规酒店管理公司要求，占用机房总面积中等，管理相对集中，所需消防值班人员较少。

缺点：消防总控制室的位置选址要求较高，除酒店外各业态的消防线缆均汇集至消防总控制室，线缆相对较多。

具有消防控制或管理功能的房间，根据其功能一般可分为消防管理室、消防主（分）控室和消防（防灾）指挥中心。消防管理室应具有火灾自动报警功能。消防主（分）控室应具有火灾自动报警

及消防联动功能，以及直接手动控制消防泵、喷淋泵、消防电梯和防排烟风机等消防设备。消防（防灾）指挥中心宜具有火灾自动报警、消防联动信号显示及火灾扑救指挥功能。

关于会展建筑，具有消防控制或管理功能的房间，具体设置要求如下：

（1）下列建筑除设置消防主控室外，还宜增设置消防分控室或消防管理室：含有商业、办公、酒店、公寓等不同业态或不同物业管理的建筑；建筑面积大于500000m²或设置2套及以上的消防水系统。

（2）消防主（分）控室、消防管理室的设置应符合下列规定：

① 根据2020年8月1日实施的《民用建筑电气设计标准》GB 51348—2019规定，消防控制室宜设置在建筑物首层或地下一层，宜选择在便于通向室外的部位。

② 消防分控室及消防管理室可根据其功能要求设置在其服务区域范围内，且具有明显标志，至本层最近的疏散出口不超过10m。

（3）当建筑物内设置视频监控室时，消防主控室宜与视频监控室合用，消防控制设备与闭路电视监控设备应分区设置。

（4）当建筑内设有消防主控室、消防分控室或消防管理室时，其报警与联动功能设置应满足以下规定：

① 消防主控室应能接收消防分控室或消防管理室所上传的所有消防信号，并应能直接启动消防泵、喷淋泵。

② 消防分控室应能向消防主控室传送所有的消防信号，并应能直接启动本区域关联的消防泵、喷淋泵。

（5）当建筑用地面积或建筑面积大于1000000m²时，宜在入口处消防车能够抵达的部位设置消防（防灾）指挥中心。

6.3 会展建筑设备管理系统

6.3.1 建筑设备监控系统（BAS）

1. 建筑设备监控系统概念

建筑设备监控系统（BAS）是智慧建筑中重要组成部分，以建筑设备和环境为对象进行测量、监视、控制和调节，对于保护室内工作条件、设备运行安全、合理利用资源、节省能耗和保护环境，都有着十分重要的作用。根据建筑设备监控系统的监控原则，常规对以下机电设备系统进行监视或监控：

（1）送排风设备。

（2）给水排水设备。

（3）普通照明控制。

（4）新风空调系统。

（5）冷热源群控系统。

（6）电力监控系统。

（7）电梯及扶梯群控系统。

（8）智能照明系统。

（9）能耗监测系统。

（10）其他。

建筑设备监控系统（图6-1）主要由中央管理主机及操作站、通信控制器、现场控制器（DDC）、传感器和执行机构组成，楼宇设备管理自动化系统应采用集散型控制，实现集中监控管理和分散控制。

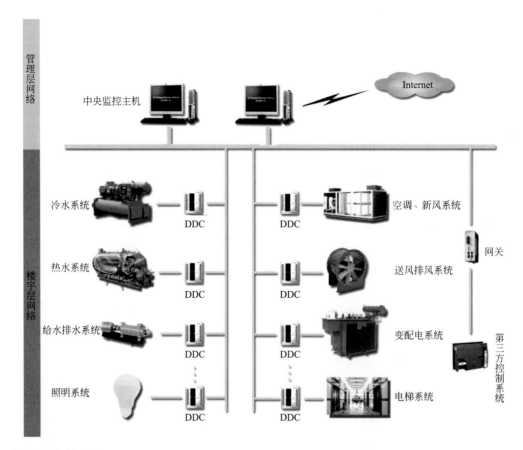

图6-1　建筑设备监控系统

2. 会展建筑设备监控系统特点

1）建筑功能复杂

会展建筑一般业态功能复杂，有酒店、办公、会议、商业、停车等功能。不同功能对建筑设备监控系统的需求各有差异，并且建筑功能多导致管理交界面复杂，甚至会出现交叉管理的情况，因此需要在明确管理界面的前提下，分业态分别规划系统监控内容及系统架构。

2）监控数据量大

会展建筑设备点位众多，导致采集的数据量庞大，这么大的数据需要使用信息集成化技术，最终实现后台对数据的实时监控和分析处理。为了反映能耗具体情况，必须对数据进行多维属性定义和分析。

3）机电系统界面复杂

建筑设备监控系统与所有的机电设备都有所交集，因此在设计阶段需要充分、详细地明确工作界面，以防造成设计内容缺失或重复。

3. 会展建筑设备监控系统要求

（1）系统必须是具有开放性、可扩充性、标准化，支持包括BACnet IP、OPC（Client）、Modbus

TCP、Lon IP、SNMP等标准通信协议和规范。

（2）系统可通过电脑在就地或网络上的任一节点进行在线检测、编程、修改参数等操作。

（3）系统中的受控设备应能进行运行状态预设，并能根据实际需要进行实时调整。

（4）中央管理工作站软件数据库点数应无限制，便于系统后续设备的集成及系统维护。

（5）系统响应时间：服务器、工作站显示屏数据刷新时间小于5s，服务器、工作站发出控制指令至被控设备动作时间小于5s。

（6）系统应配置支持网络通信协议的各种通用或专用的接口单元、网关及其外部设备，通过接口单元采集其他系统/设备的有关参数，并可根据需要对其他系统/设备进行控制。

（7）系统现场控制器必须能独立通信及自行操作，服务器、工作站停止工作不影响现场控制器的功能和设备运行。

（8）DDC故障时，应能自动旁路脱开网络，不影响整个网络的正常工作，并在中央工作站、分控操作站上及时进行报警并显示，故障排除后能自动投入运行。

（9）系统在完成相关设备自动监控的同时，还应能满足机电设备本身所固有的控制工艺要求。

4. 会展建筑设备监控系统设计要求

（1）明确建筑设备监控系统与相关机电设备的设计分工界面。

（2）明确不同业态的管理界面划分，考虑采用合用系统还是根据业态分设系统。

（3）针对不同业态需求设置合适的系统架构及监控点位要求。

6.3.2 建筑能耗管理系统

传统常规建筑物进行水、电、气、热量等分类分项计量和计数，这种方法对会展建筑这类能耗大户而言，已经不完全适用，也不能满足绿色节能的建设需求。对计量数据进行后期管理、分析利用，动态优化运营策略才是能耗管理系统的首要功能。通过建筑能耗管理系统，还能知晓建筑设备的运行状态、故障情况和应急处置。会展建筑能耗管理系统必须具备以下功能：数据收集、数据分析、能耗数据评估、智慧识别，以及产生报表、工单派发，并最终实现节能决策、绿色定位和物业管理以及经济分析。

1. 能耗管理系统概念

能耗管理系统是指通过在建筑物内安装分类和分项能耗计量装置，实时采集能耗数据，并具有在线监测与动态分析功能的软件和硬件系统的统称。能耗管理系统一般由能耗数据采集子系统、传输子系统和处理子系统组成。采集能耗数据主要包括动力、照明、电梯、空调、供热、给水排水、插座、末端盘管、排气扇等能源使用状况以及电、燃气、燃油、冷热量、水、其他等能耗消耗。

能耗管理系统主要由现场监控层、网络通信层和站控管理层组成。系统的末端采集设备有数字电能表、数字水表、数字燃气表、数字燃油表和数字热量表。

1）现场监控层

采用末端传感器和智能仪表进行终端数据采集，并将建筑能耗数据上传至数据中心。远程传输手段中还需配置控制器，当前市场上主流产品是带有现场总线连接的分布式I/O控制器，该控制器具有高可靠性，能确保能耗数据上传至建筑能耗管理系统主机，并将能耗数据储存在能耗管理本地服务器中或者能耗管理云服务器上。

2）网络通信层

网络通信层负责传输数据与信息，以便实现站控管理层和现场监控层的信息交换。组成网络通信

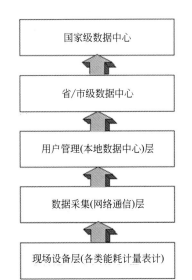

国家级数据中心

↑

省/市级数据中心

↑

用户管理(本地数据中心)层

↑

数据采集(网络通信)层

↑

现场设备层(各类能耗计量表计)

图6-2 能耗管理系统构架图

层的主要设备有：通信管理机、以太网设备、开关电源及总线网络。

3）站控管理层

采用IE页面、APP页面或者Web页面，实现人机交互操作，满足客户对能耗管理数据的监视、管理和分析。通过外部接口，并配置防火墙，将标准化格式的数据上传至单体建筑物所在的建筑群管理平台，或者将数据上传至省市级能源管理数据中心，有条件的、推广并将数据最终发送至国家级的能源管理数据中心。能耗管理系统的构架，典型方案如图6-2所示。

2. 能耗管理系统特点

1）建筑功能复杂

会展建筑的特点是建筑面积体量大、使用人员多、业态功能复杂，一般有酒店、办公、会议、商业、停车等功能。建筑功能多，导致管理方多，交界面复杂，对能耗管理提出了更高的要求。

2）能耗类型多样

采集方式通常采用分类、分项进行。能耗大致分为八类：水、电、燃气、燃油、集中供冷、集中供热、可再生能源及其他。基本每种业态或每个物业都有一套。

3）能耗数据量大

会展建筑能源使用点位多，导致能耗采集的数据量大，这么大的数据需要出使用信息集成化技术，最终事项后台对数据的实时监控和分析处理。为了反映能耗具体情况，必须对数据进行多维属性定义和分析。

3. 能耗管理系统方针

会展建筑的增长，与能耗管理理念的更新同步前行，伴随大数据分析、人工智能、BIM、物联网、信息化运用以及社会能耗管理体制的健全，为会展建筑能耗管理提供了有力的保障，为能耗数据采集和分析提供了技术和制度支撑。

4. 能耗管理系统清单

1）建筑能耗分类

建筑能耗数据按水、电、燃气、燃油、集中供冷、集中供热、可再生能源及其他分为8类，其中水、燃气、燃油及其他能源可根据名称不同再进行一级子类区分。

2）电能分项计量分析

按照用电功能属性，对电类能耗分为4个分项：

（1）照明插座用电：为各类房间照明、电器设备供电，如室内照明与插座、走廊和应急照明、室外景观照明等。

（2）空调用电：冷水机组、冷冻泵、冷却泵、冷却塔、热水循环泵、空调、新风机、风机盘管、电锅炉等。

（3）动力设备用电：通排风机、电梯、生活水泵、集水泵、污水泵、排污泵等。

（4）特殊用电：电子信息系统机房、洗衣房、厨房、餐厅、游泳池、电开水器、健身房等。

基于以上分项能耗数据，系统经大数据计算、分析，并整理出一系列可读性数据，用户可通过系统后台进行查询，并进行能耗数据比对。能耗分项计量分类如图6-3所示。

会展建筑电气及智慧设计关键技术研究与实践

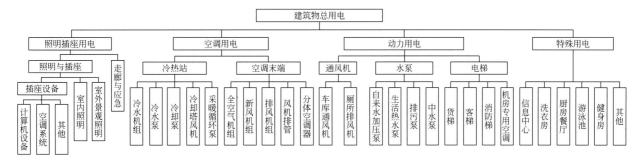

图6-3 会展建筑能耗分箱计量分类图

5. 能耗管理现状及改进措施

能耗管理现状：

1）能耗数据采集不足

早期能耗管理仅依靠BAS系统进行控制，但是实际上大量的基础数据缺乏采集，导致目前普遍存在数据无从查起，无法对建筑物能耗使用状况进行基础评估，进一步的节能方案更是无法开展。

2）能耗管控力度不足

能耗管控需要根据建筑在运营期间的具体节能效果判断，而大多数管理人员缺乏能耗管理意识，尤其不具备对采集、存储的能耗数据进行分析运营的能力，无法为决策者提供有力的数据支撑和节能建议。

6. 能耗管理改进措施

1）搭建能耗管理系统平台

通过在分析会展建筑构成要素的基础上，以节能管理为重点研究对象，梳理节能优化关键要素，探索现有先进技术体系架构和指标体系在会展建筑节能管理中的应用。

2）利用大数据分析

随着5G技术的应用，会展建筑的智慧化与日俱增。应用大数据分析，使用人工智能算法，收集、统计和分析会展建筑各系统数据，并对其进行信息反馈，同时，把能源应用数据、运行数据、人流数据、室内外环境数据等节能相关监测信息进行同一融合、整理和汇总，实时掌握建筑物能耗动态，并创建能耗分析模型，诊断其系统的能耗，实现降低能耗的需求。

3）采用信息化管理方式

基于会展建筑节能管理关键要素，建立基于大数据和AI技术的节能信息化管理应用，实现对节能优化的信息化、精细化管控，为管理人员实时提供节能数据、节能策略支持。

4）成立能耗管理部门

鼓励所有租户参与节能，制定整个楼宇深度节能改进计划，通过对楼宇进行短期、中期、长期节能措施分析，实现长期节能效果。

6.4 机房工程

机房工程是指为确保网络及弱电系统中心机房的关键设备和装置能安全、稳定和可靠运行而设计配置的基础工程，机房基础设施的建设不仅要为机房中的系统设备运营管理和数据信息安全提供保障环境，还要为工作人员创造健康适宜的工作环境。

机房工程也是建筑智能化系统的一个重要部分。涵盖了建筑装修、供电、照明、防雷、接地、UPS不间断电源、精密空调、环境监测、火灾报警及灭火、门禁、防盗、闭路监视、综合布线和系统集成等技术。

一般会展类项目的机房工程建设范围应包含但不限于下列方面：

（1）通信机房。

（2）消控安保中心兼应急指挥中心。

（3）楼层弱电间。

各机房位置应符合规范要求，机房区域处地面为架空防静电地板构成，通信机房、应急指挥中心、总消防安保中心按B级机房标准设计实施建设；各区块分消控安保中心机房按C级机房标准设计实施建设；机房UPS在各个机房内划分区域单独设置，设计实施须考虑地面承重。

6.4.1　通信机房

通信机房作为会展中心的通信系统总核心机房，应设计实施为无人值守封闭式机房。

通信机房建设应包括机房装饰、机房配电、防雷接地、精密空调以及机房环控系统。

机房放置通信和控制网络设备、中央核心智能工作站、专业功能工作站、服务工作站等，设备放置应采用统一标准机架安放所有设备，以保证布置的一体化。

机架上设备与总配线架之间的连接电缆，应统一安排，合理规划，并注意美化。

机房的工作台采用标准工作台用于设置专业功能工作站及打印机、扫描仪等输入输出设备。

配电区域放置配电柜等电源设备，为机房设备、照明分路提供电源；配线区域放置配线架、交换机等。

机房敷设架空防静电地板及阻燃材料吊顶板，并通过金属线槽将所有机房外金属桥架中的各类信号线缆引入机房内；机房内地板应考虑设备的承重要求而采取相应支撑措施。

系统设备、防静电地板、金属线槽、桥架、管道及机柜应根据相关规范做相应的接地处理；并同时根据相关规范做相应的防雷处理（特别是室外设备）。

该机房装修标准为：

顶面：采用双层吊顶，上层双层防火石膏板吊顶，面层微孔金属铝扣板。

墙面：轻钢龙骨隔墙内填保温棉，内层FC板，面层金属彩钢板。

地面：地面抬高300～600mm，采用优质高强度碳酸钙抗静电活动地板，防静电、防潮、防腐、不可燃。地板下防尘漆处理，双层橡塑保温面，面层保温棉带铝箔层。

门窗：甲级钢质防火门。

6.4.2　消控安保中心兼应急指挥中心

消控安保中心兼应急指挥中心（图6-4）作为本项目园区消防、安防及其他弱电系统总控中心，以及重大活动的时各相关部门的应急融合指挥中心应采用封闭式工作。中心划分为机房、UPS配电间、监控大厅、录音室及会议室等区域。

消控安保中心兼应急指挥中心建设应包括机房装饰、机房配电、防雷接地、精密空调、机房环控以及机房门禁安防系统。

核心区为消防、安全、建筑物设备控制与管理、集成管理系统等核心设备布置区及相应UPS电源、蓄电池，各功能系统相对独立，采用标准机架安装设备（包括监视器阵列）。应有合理的连接线缆布置、输入输出设备布置及标准的工作台。按功能重要性，机房具有相应安全性限制措施；设备的设置，功能上应按照消防、安保系统独立运作而设于机房内相应独立的区域。

工作台与监视器墙、机柜之间应进行人性化设计，保持适当的视觉距离。

设备放置采用统一标准机架（常规800mm×800mm，19寸机架，安保可与监视器墙统一考虑）安放所有设备；机房设备统一由UPS电源供电（消防另配蓄电池）。

机柜、UPS电源、配线设备区域的地板应考虑设备的承重要求而采取相应支撑措施。

通过金属线槽将所有机房外金属桥架中的各类信号线缆引入机房内，并根据机房设备和机柜的设置，合理规划线槽的走向。

系统设备、防静电地板、金属线槽、桥架、管道及机柜应根据相关规范做相应的接地处理；并同时根据相关规范做相应的防雷处理（特别是室外设备）。

该机房装修标准为：

（1）顶面：机房及UPS配电间采用微孔金属铝扣板；监控大厅采用石膏板加铝板造型顶。

（2）墙面：机房及配电间采用轻钢龙骨隔墙，内填保温棉，内层FC板，面层金属彩钢板；监控大厅采用铝板装饰面和木饰面装饰墙。

（3）地面：地面抬高300～600mm，机房及配电间采用优质高强度抗静电活动地板，防静电、防潮、防腐、不可燃。机房地板下防尘漆处理，双层橡塑保温面，面层保温棉带铝箔；监控大厅采用OA地板，上铺PVC贴面。

（4）门窗：甲级钢质防火门。

（5）隔断：机房与会议室、配电间与监控大厅采用轻钢龙骨轻质隔墙；机房与监控大厅采用防火隔声玻璃隔断；会议室与监控大厅采用钢化玻璃隔断。

图6-4 消控安保中心兼应急指挥中心

6.4.3 楼层弱电间

楼层弱电间作为各楼层区域网络布线及其他弱电系统汇聚管理。

楼层弱电间建设应包括机房装饰、机房配电、防雷接地系统。

楼层弱电间为综合布线系统、安保系统、消防系统等提供接线箱、线槽分接以及楼层设备摆放场所。

弱电间装修标准：应采用优质高强度抗静电活动地板，防静电、防潮、防腐、不可燃，各项技术指标达到或超过国家有关标准。

各系统设备用电（除综合布线）由各中心机房统一供电至楼层弱电间。

6.4.4 机房供配电系统

机房内用电负荷采用一级负荷；机房的配电系统采用"市电+UPS不间断电源"的供电方式。

1. 供配电系统

（1）供电范围：消控安保机房、应急指挥中心、电话网络机房。

（2）所有IT设备用电采用UPS系统供电。

（3）消控安保机房：按C级标准设计，由1根电缆至机房综合配电柜为UPS、照明、插座、空调、智能化设备、消防安保控制室大屏等供电，消控安保机房机柜需要采用双电源供，两路电源均引至UPS；应急指挥中心设置1台配电箱为房间内照明、插座等功能；电话网络机房：按B级标准设计，由低配电室引2根电缆至机房市电配电柜经ATS切换后为UPS、照明、插座、空调、智能化设备等供电，电话网络机房内机柜采用双电源供电（一路电源引至UPS，1路电源引至市电）。

（4）消控安保机房、电话网络机房各设计UPS机柜为机房内（IT设备、备用照明等）供电，UPS主机及蓄电池组放置于机房内。

（5）市电配电柜需要采用自动空气开关控制，并设过负荷、短路保护，具有火警联动功能装置。

（6）市电配电柜总输入空开需要带消防联动功能，当消防动作时，提供一个干接点信号，自动切断所有非消防电源（包括空调、新风机等机组），以利及时消除灾情。

（7）机房配电系统所用电缆需要采用阻燃A级聚氯乙烯绝缘聚氯乙烯护套电力电缆，敷设在桥架内及镀锌钢管及金属软管内。

（8）本工程安装的配电柜的开关容量、数量和电源线、缆，其输送电流能力等均预留发展余量，一般按环境温度40℃的条件下进行计算。

（9）所有供配电线路必须使用优质合格铜芯配线。要求开关功率选用应有1.2倍的冗余，并做到标识醒目、与其他控制插座对应，所有电气开关材料必须是优质产品。电源线地板下穿金属线槽，具备良好的屏蔽效果，并具有防鼠、防虫功能。所有的强电线、电缆必须穿管或桥架铺设，必须保证强电电线、电缆与弱电线缆按规范要求分离。

（10）一般插座和照明开关电缆通过镀锌金属线槽敷设，再经镀锌钢管敷设至各固定插座和开关。

（11）机房内所有金属线管、线槽、电气设备外壳等不带电的金属部分都可靠接地。

2. 照明设计

（1）消控安保机房、电话网络机房设置工作照明、备用照明、安全出口指示灯等；工作照明由市电供电；备用照明为工作照明的一部分，在停电的情况下，需保持机房内最低限度的照明，由UPS供电。

（2）照明为分组组合供电方式，机房区水平照度按国家要求进行设计。

（3）天花照明电源线架空在梁下，穿镀锌金属线槽或镀锌钢管敷设，然后就近经软管敷设至灯具。

3. 防雷接地设计

1）机房防雷部分

机房设置三级电源防雷，用于保证系统的安全性。

一级防浪涌保护设置需要在低配室。

在机房市电配电柜总电源处需要安装避雷器;在UPS输出总电源处需要安装避雷器。

2）数据中心接地

需要采用联合接地处理,接地系统的接地电阻值小于1Ω。

需要采用M型等电位联结方式,在机房四周设置等电位联结带,并通过等电联结导体将等电位联结带就近与机柜外壳、接地汇流排、各类金属管道、金属线槽、建筑物金属结构等进行连接。

机房内设置不少于2处局部等电位端子箱与等电位联结带作可靠连,局部等电位端子箱采用等电联结导体与建筑总等电位端子排连接。

6.4.5 机房UPS系统

消控安保机房、电话网络机房、应急指挥中心配置UPS,满足后备2h要求配置电池。

6.4.6 机房空调系统

消控安保机房配置1台空调,具有来电自启动功能;空调需要配置RS485通信接口卡,用于接入机房动力环境监控系统,实现统一监控。

空调室外机安装位置根据现场确定。

6.4.7 机房机柜系统

消控安保机房消防控制室机房配置标准19英寸机柜,机柜采用并柜式安装,每套机柜内配置输出PDU电源为IT设备供电,所有PDU电源需要引至UPS。

电话网络机房按《数据中心设计规范》GB 50174—2017中B级标准设计,配置微模块,1台精密配电柜、1套通道封闭组件（含通道门、天窗模块、照明、消防联动等）、1套柜顶走线架（强、弱电分离）,2台制冷量精密空调（2主2备）、1套智能化系统;满足《数据中心设计规范》GB 50174—2017中B级标准对配电系统、制冷系统的可用性要求,实现对微模块配电柜、精密空调、温湿度、漏水等设备实时不间断监控,支持本地显示,Web远程访问、监控功能。

6.4.8 机房动力环境监控系统

消控安保机房部署一套基础设施监控管理系统,实现对基础设施的一体化监控。

弱电机房基础设施监控管理系统在本地进行数据采集后,在监控中心进行存储、显示、浏览,供值班人员或维护人员日常使用。

6.4.9 案例分析

以世界会客厅为例,机房建设如下:

地下一层消控安保机房区域划分为消防安保中心及机房两个区域,消防安保中心面积约96.5m²,其中机房面积约33.5m²;一层应急指挥中心面积约100m²;一层电话网络机房面积约102m²。

1. 电话网络机房平面布置

详图如图6-5所示。

2. 消控机房平面布置

详图如图6-6所示。

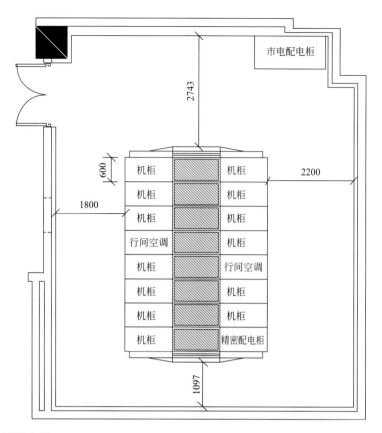

图 6-5　电话网络机房平面布置

3. 应急指挥系统

1）总体概述

建设融合指挥视频调度系统，突破有线电话、视频会议、宽带图传、5G、自组网等不同通信网络的原有边界，通过安全互联的方式实现音视频通信、数据通信和位置信息等通信业务的融合（也可支持各级横向部门的音视频资源接入），为各类应用系统提供统一通信服务，构建上下联动、横向协同、扁平高效、随遇接入、安全可靠的融合指挥信息化体系。

（1）实现高效会控会监、视频融合调度、统一大屏汇显功能（不含上层业务）。

（2）通过网络连接（Web）实现拷屏及相关信息展示。

（3）融合指挥中心面积不小于100m²，系统包括指挥大屏、会议管理系统、管理平台、装修系统等。

（4）融合指挥中心至消控室及主厨办公室各敷设1根光缆实现数据贯通。

2）总体框架

融合指挥视频调度系统包含终端接入层、网络传输层、调度平台层（基础设施硬件、应用支撑软件）、应用展现层。

终端接入层包含各类融合端设备，如会议会商终端、5G、监控摄像头、电话、集群等；终端通过指挥信息网及无线通信等扩展网络接入融合指挥视频调度平台，并且提供视频会议、视频会商与监控融合、移动接入三大核心能力。

融合指挥视频调度系统支持多类型高清视频同时入会，实现任意时间、任意会场、任意组合快速

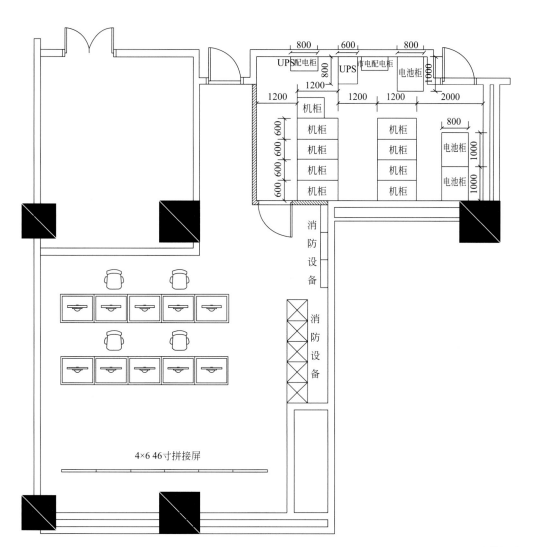

图中标注文字：

800　600　800
UPS配电柜　　UPS　市电配电柜　　电池柜
800
1200
1200　　　1200　　1200　　2000
机柜
1200
600 600 600 600
机柜　　机柜　　　800　电池柜
机柜　　机柜　　1000
机柜　　机柜　　　电池柜
机柜　　机柜　　1000

消防设备

消防设备

4×6 46寸拼接屏

图 6-6　消控机房平面布置

组会，配置各类移动高清视频接入设备和接口，具备跨级扁平化调度指挥能力。

融合指挥视频调度系统基于IP网络，全面支持IPv6，采用业界主流的H.264、H.264HP、H.264BP、H.264SVC、H.265编码，同时兼容H.263编码，可以提供1080P高清视频图像、高清双流，有条件的可以提供4K极清图像。系统须具有良好的网络适应性，在同等带宽下，可将屏幕刷新频率增加一倍，增强图像的流畅度。

系统具备扁平调度指挥的功能，平台支持跨级呼叫目标终端，将目标终端接入本级平台MCU的功能。系统支持诸如IP网口备份、$N+1$备份、电源备份、板卡备份、资源池等可靠性机制，保证融合指挥视频调度系统全天24h，全年365天无故障运行。

以世界会客厅为例，应急融合指挥中心位于现场安保指挥部内，系统包括了现场安保指挥部及旁边的会议室。融合指挥中心系统包括了指挥大屏、会议管理系统、UPS等。

本系统实现高效会控会监、视频融合调度、统一大屏汇显功能。

现场安保指挥中心在满足平时运营、应急指挥的前提下，需要预留与各使用单位（如警卫局、公安等部门）的接口。

（1）指挥大屏：应急指挥中心需要安装一块点间距在1.2mm左右的LED显示屏，分辨率不低于3840×2160，大小需要根据场地面积进行计算。

（2）会议管理系统：会议管理系统需要包含指挥调度、显示系统、会议讨论系统、音响系统、中控系统、视频录播系统。

（3）配电系统：应急指挥中心内需要设计UPS系统，后备时间满足2h及以上。

该系统需要通过网络连接（Web）实现拷屏及相关信息展示。

具体应急指挥中心平面布置图如图6-7所示。

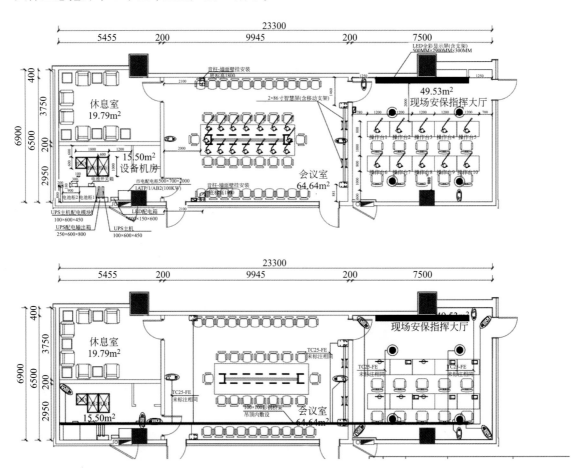

图6-7 具体应急指挥中心平面布置

（1）机房装饰装修如下：

本项目地下一层消防安保中心及机房、应急指挥中心、地上一层电话网络机房原结构楼板清理，做防尘防静电处理；采用方形微孔铝合金吊顶，规格为600×600×0.8mm，U38轻钢龙骨上安装，安装高度距地面防静电地板不少于3m，吊顶四周与墙面采用L形收边条装饰。

本项目地下一层消防安保中心及机房、应急指挥中心、地上一层电话网络机房原地面采用20厚1∶3水泥砂浆找平，做防尘防静电处理，安装全钢无边防静电地板，架空高度0.25m；机房入口处采用台阶处理。

地上一层电话网络机房墙柱面采用C75轻钢龙骨+0.6mm厚彩钢板（内衬12mm厚防火石膏板）复合装饰面，龙骨内填充50mm厚防火保温岩棉。

（2）机房供配电系统如下：

机房内用电负荷为一级负荷，低压配电系统采用TN-S系统。

机房供电系统：机房的配电系统设计为"市电+UPS不间断电源"的供电方式。

（3）机房照明设计如下：

照度要求：300～500lx。

地下一层消控安保机房、地上一层电话网络机房设置工作照明、备用照明、安全出口指示灯等；工作照明由市电供电；备用照明为工作照明的一部分，在停电的情况下，需保持机房内最低限度的照明，由UPS供电。

光源灯具选择：地下一层消控安保机房、地上一层电话网络机房照明采用嵌入式600×600mm铝质LED格栅灯，其优点是效率高，寿命长，节约能源。

照明为分组组合供电方式，机房区水平照度按国家要求设计，采用机房专用无眩光灯具。

天花照明电源线架空在梁下，穿镀锌金属线槽或镀锌钢管敷设，然后就近经软管敷设至灯具。

第7章 会展建筑"双碳"技术应用

目前恶劣天气肆虐全球，气候变化是所有国家面临的共同挑战，本着中华民族伟大复兴的历史重任和为全人类高度负责的态度，我们必将把低碳转型发展作为一条基本工作准则。

2015年达成的《巴黎协定》明确：将全球平均温升控制在低于2℃的水平，并朝着实现1.5℃温升控制目标努力；根据IPCC第五次评估报告，全球温室气体排放要在2020～2030年达到峰值，这是实现2℃目标的重要条件。全球需要尽快实现温室气体排放达峰，并到21世纪下半叶实现温室气体排放源和吸收汇相平衡（净零排放）。

对于建筑行业，根据《中国达峰先锋城市联盟》的达峰指导手册，在城市层面，兼顾考虑生产者和消费者二氧化碳排放责任。中国承诺在2030年以前实现碳达峰，现实背景是欧美早在2010年前就已实现了碳达峰，而我国仍处于经济快速发展阶段，二氧化碳排放量仍持续上行中，未来碳减排任务艰巨。

会展建筑往往体量巨大、空间高大、人流密集，为了保证舒适、健康的环境品质，会展场馆内的照明、通风、供冷、供热设计都需要达到相应的标准，这些特征和需求决定了会展建筑的能源消耗十分庞大。作为设计人员，我们所要做的就是"急国家之所急，想国家之所想"，利用自己的专业技术，为实现"碳达峰、碳中和"贡献力量。

根据对会展建筑能耗的调研，我们发现照明和空调系统能耗占据了建筑总能耗的绝大部分，特别在南方的场馆，仅空调用电可能达到总电费的半数之多。这不仅给建筑节能带来巨大的压力，也给运营方增添了成本负担，对会展建筑的可持续发展带来挑战。因此，对会展建筑电气节能措施进行研究非常必要。图7-1所示为会展建筑节能分析思维导图。

与建筑相关的节能概念包括生态建筑、绿色建筑、可持续建筑和低碳建筑等，这些定义在技术实践上是相互有机地联系在一起的，主要基于能源系统为出发点进行拓展。会展建筑用能主要包括维持建筑安全的基础用能、布展阶段的建造用能、展览阶段为展品服务的展示用能及为人员服务的勤务用能。这些能源使用形式包含电力、给水、热源、冷源、燃气、燃油等。由于燃气、燃油、给水等用能均与展览内容密切相关，属于工艺能耗，不在本章研判范围，因此，本章主要讨论电力以及与电力密切相关的冷、热源用能。

2021年10月13日，住房和城乡建设部批准《建筑节能与可再生能源利用通用规范》为国家标准，编号为GB 55015—2021，自2022年4月1日起实施。要求公共建筑平均节能率应为72%。平均设计能耗水平在现行节能设计国家标准和行业标准的基础上分别降低30%和20%。另外，除了常规工程建设，规范在可再生能源系统、施工调试验收与运行管理等方面也强化了目标责任。将建筑碳排放计算作为强制要求，可再生能源利用要求细化。真正做到了党中央要求的踏石留印，抓铁有痕。

这些要求对我们设计人员是鞭策也是鼓励，促使我们认真思考和实践建筑节能设计，对于会展建筑来说，电气节能重点在于"开源节流"，开源就是从能源供给的角度来寻求节能新策略，主要聚焦

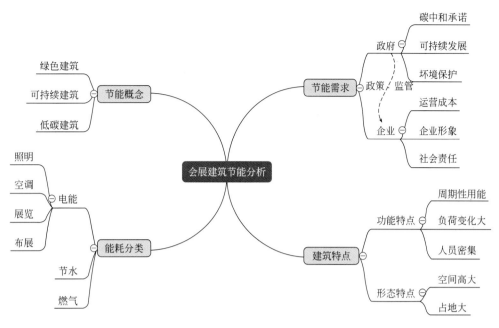

图 7-1 会展建筑节能分析思维导图

089

第 7 章 会展建筑『双碳』技术应用

太阳能等可再生能源的综合利用；节流就是从实践出发对建筑节能措施进行研究来实现建筑综合能耗降低。根据规范对我们的启示，我们发现设备节能和管理控制策略这两个方面是实现综合能耗降低的必要抓手，也是会展建筑能耗"节流"的主要输出表现形式。

7.1 会展建筑电气节能措施研究

7.1.1 设备节能

在会展建筑中电气系统所包含的各类设备众多，有提供电力服务的变压器、电缆、桥架、配电箱等变配电设施；有提供工作生活环境需求的通风空调、照明、水泵设施；有提供安全保障的消防安保设施；有提供交通服务的电梯设施；有提供通信服务的通信设施等等。电流在这些设施流过，除了满足设备使用外，必然会有损耗发生，节流就是采用节能设备实现综合能耗降低，在电气专业设计范围内具有较大节能潜力的建筑设备主要包括LED照明、节能扶梯、节能变压器、超级电容电梯等。

（1）会展场馆往往具有巨大的空间，其内部照明需要耗用大量的电能，采用高效LED照明可以有效减少照明负荷。LED照明节能包含光源和驱动电源两部分：LED光源被称为长寿命光源，采用固体冷光源，环氧树脂封装，灯体内也没有松动的部分，不存在灯丝发光易烧、热沉积、光衰快等缺点，使用寿命可达10万h，比传统光源寿命长10倍以上，在高大空间的会展建筑应用可以有效减少维护工作；LED灯具光源的光效也随着时间在不断增长，在实验室LED的光效早已突破300lm/W，在实际产品应用上，140 lm/W的光效已经在市场上成为主流产品。当然除了光效，我们还需要关注显色性、光生物安全性、色品容差等重要参数。除光源外，选择优秀的LED驱动电源也可以有效节能，对于驱动电源我们可以主要把握以下几点：首先是功率因数，高功率因数可以有效减少无功损耗，一般建议要求PF值在0.95以上；其次是驱动方式，建议驱动方式采用多路恒流输出方式，额定电流配置一定的余量，这样可以提升稳定性，减少发热损耗；另外，建议采用通过电磁兼容试验的产品，这样可以减少谐波造成的功率损失。

（2）扶梯是会展建筑经常使用的设备，使用节能型自动扶梯可以有效减少电能损耗。在扶梯入口安装人体自动感应装置用于检测有无乘客进入，检测信号通过微电脑分析，在适当延时后确定变频器输出电压以及频率的高低，这样，自动扶梯可以根据乘客的有、无、多、少等情况来确定扶梯的运行速度，实现扶梯主机马达智能适应工况，达到节约电能、减少机械磨损的最佳效果。

（3）干式变压器作为建筑室内变配电的重要节点设施，其能效指标直接影响系统节能效果。现有变压器节能技术主要有非晶合金、硅橡胶绝缘、敞开式立体卷铁芯等技术。非晶合金变压器具有磁路损耗低的优点，硅橡胶绝缘变压器可有效消除局部放电、过载能力强的优点，敞开式立体卷铁芯变压器磁路完全对称、重量轻的优点。当然这些变压器也有自身局限性，如非晶合金易受伤导致性能下降，硅橡胶重量较大，高电压绝缘还有待发展，敞开式立体卷铁芯抗湿热能力不强。因此，在实际工程应用上应根据需求、环境等因素综合考虑采用合理的节能技术。

（4）超级电容电梯是近年来积极发展的一种节能技术，电梯在重负载向下、轻负载向上及减速时曳引电机所产生的电能，通过双向 DC/DC 储存于超级电容器组中，在下一工作循环优先使用，从而实现电梯节能。超级电容节能电梯在模拟工况下综合节电率为25%以上。

7.1.2　管理/控制策略

由于在会展建筑耗能中，空调用电和照明用电是最大的能耗用户，必须作为最主要的能耗管控目标。在管理方面可以利用遮阳、自然通风和自然采光，减少空调和照明用电。

（1）会展建筑体量大，向外开启的门窗设施多，受外部环境的冷热影响大，为节省空调负荷，在做好外保温的前提下，应充分考虑建筑内外遮阳设计和管理。在北方，遮阳措施要考虑不能阻挡冬季对太阳热能的利用；在长江中下游，要充分满足夏季防热要求，兼顾冬季建筑保温，采用活动遮阳；在南方，可采取固定遮阳，但也要考虑灵活性。对于节能而言，外遮阳效果最好，太阳辐射热被遮挡，减少透过玻璃的日照量，削弱了温室效应。内遮阳是指遮阳部分位于室内，虽然对太阳敷设的遮挡不如外遮阳，但由于安装、使用方便，因而应用更为普遍。由于遮阳对室内环境如采光、通风等带来不同程度的影响，因此，我们对于遮阳设计必须做好管理和控制策略，一般可采用经纬度定时控制结合温度传感控制。

（2）在过渡季，自然通风和利用地道风等调节温度措施也可以有效缩短会展中空调的使用时间。在考虑自然通风时必须考虑遮阳设施对自然通风的影响，一方面，在开启窗通风情况下，室内风速会减弱，另一方面，遮阳设施对自然通风又会起到引导作用，在有风条件下，可以控制遮阳板导引室内气流向上运动，避免人体迎风的不适感。自然通风的控制依赖于合理设置的室内外温度传感器及风向风速传感器提供的参数，可采用温差控制措施，开启风向通道上的通风窗。

（3）照明也是会展建筑的用能大户，设计一定的自然采光可以有效减少电光源的使用时间。根据会展建筑的特点，常规自然采光主要包括顶棚自然采光，高侧窗自然采光、侧天窗自然采光等，采用何种自然采光形式需要与建筑形态及所处地理位置相适应，但这些采光在引入光源的时候同时也引入了外部热辐射。一些新型的自然采光方法可以规避这些缺陷，例如光导管照明、光导纤维照明、导光板等。

（4）通过对会展建筑机电设备进行自动化控制，以达到室内环境舒适、机电设备可靠运行、减少能源消耗、降低运营成本的目标。实现以上目标的自动化控制系统，在工程实践中主要有以下两种技术形式：基于DDC形式的传统楼宇自控系统；基于一体化控制箱形式的建筑设备一体化监控系统。

① DDC是一种"分散式控制系统"，组成的系统是分层的结构，可以实现点对点的通信，楼宇自控DDC是生产厂家根据楼宇自控特点从PLC发展而来的，一般支持多种协议标准，集成接口丰富，集成第三方设备的能力很强，系统自身的扩展性与开放性好，但同时也缺少PLC的灵活性和应对复杂电磁干扰环境的能力。

② 建筑设备一体化监控系统是以PLC为基础的控制装置，能通过数字式或模拟式的输入和输出，控制各种类型的设备或设备组。PLC之间不能直接通信，必须通过上位机完成，网络协议一般是专有的现场总线标准，与第三方设备的集成能力相对较差。

总之，由于应用的领域不同，DDC和PLC在工作方式、网络通信、系统功能、专业性、扩展性、安全性上都有很大的差别。DDC在分散控制更显优势，标准层较多的办公楼，每层的控制设备相对统一，放一台相应点数的DDC，很方便，又省管线。但对于大型会展项目，由于设备的位置相对集中，PLC更能体现优势，近年来PLC的设备成本在逐步下降，因此，建筑设备一体化监控系统在大型建筑中的应用在迅速增加。

特别在会展建筑配置的能源中心应用建筑设备一体化监控系统，节能效果更好。系统将能耗计量、参数采集与节能控制相结合，实现集中空调系统整体设备多闭环、精细化节能控制与管理。数据向上传输至"管理端"能效管理计算机，实现空调系统的节能监控与管理；向下通过网络化节能监控管理软件，由节能控制器控制设备运行，同时满足空调节能和舒适度需求。

（5）能耗云平台是近期发展极为迅猛的综合能耗管理系统，在传统能耗管理系统的基础上，利用互联网的优质资源共享能力拓展了节能咨询、专家服务等功能，提升了单体建筑的能耗管理水平；自然融入能源与碳交易系统，为会展建筑的节能功效创造更多的附加经济效益。

（6）随着建筑BIM设计的逐渐深入，建筑数字化已成为未来发展的趋势。可以预见，将来的会展建筑采用BIM建模，利用基础数据由计算机模拟论证节能方案的可行性，在设计阶段即可为建筑业主提供各种设备使用的优化和集成方案；还可以根据建筑内外部构造和设备的实际参数搭建数字孪生建筑，各类传感器和智能感知技术形成的数据信息，结合建筑设计、暖通空调系统、照明系统、供电系统以及天气实时数据形成建筑运营数据流，在AI技术加持下形成会思考，能与人和自然和谐共生的智慧化节能建筑。

7.2 能源系统节能研究

研究会展建筑能源系统简单来说就是研究会展建筑的能源供给和消费，从节能分析思维导图可以看出，进行能源系统节能分析一定要依据建筑特点结合节能需求来考虑，以绿色低碳建筑为出发点，不仅要研究常规能源的消费，也要研究可再生能源的供给应用，做到可持续发展。

7.2.1 常规能源节能

在现代用能中，电力作为高品质能源已成为常规能源之首。在会展建筑中，我们由电网取得电能，通过配电网络直接作为各种设备的能源供应来源，如照明设施、安保设施、通信设施、后勤服务设施、展览用电等。冷源用能一般也由电能经冷冻机组转化而来，热源则一般由市政热源或自备燃气锅炉提供。考虑到在实际常规能源用能中，电能占据了绝对优势地位。因此，常规能源的节能也可以看作电能的节能使用。

电力节能主要考虑电力在传输阶段的损耗、电力转化效率以及按需用能。电力在传输阶段的损耗必须关注电能质量以及合理的供配电网络；电力转化效率也可以理解为用电设备的能效指标；按需用能涵盖范围较广，除了建设建筑设备自动化系统外，还需要设置能耗监测系统，通过用能数据分析，结合完善的物业管理制度，实现按需用能，随着数字化时代的到来， 场馆内部的数字技术支持设备和场馆内外网络技术的实现，为按需用能提供了更精准更优渥的基础条件。

会展用电负荷具有周期性和间歇性特点，对于控制电力传输的损耗，必须基于预期展期负荷 P_1 与非展期负荷 P_2 的时间量 $T_1 : T_2$ 比值和负荷量 $W_1 : W_2$ 比值来综合考虑配置供配电方案。按常规展期一周考虑，如 $T_1 : T_2 > 4 : 1$，$W_1 : W_2 > 10 : 1$，会展建筑的变压器长时间空载机会较少，建议按照变压器正常长期供电来进行电气设计；如 $4 : 1 > T_1 : T_2 > 1 : 1$，$10 : 1 > W_1 : W_2 > 3 : 1$，会展建筑的变压器有一定的空载期，建议将展期负荷和非展期负荷供电分开设计，分别设置专用变压器为展期和非展期供电；如 $1 : 1 > T_1 : T_2$，$3 : 1 > W_1 : W_2$，会展建筑的会展利用率不足，这个情况往往出现在三线城市，会展建筑规模也较小，建议可以将供配电系统的低压部分考虑环网设计， 既考虑会展功能应用的节能也可以兼顾为会展建筑的多功能使用以应对会展利用不足的情况。

电力转化效率与供配电设施的位置配置有密切关系，最重要的原则为供配电设施深入负荷中心。在这个概念下有两点需要明确：一个是高电压直降与二级电压分配的比选方案，不应仅局限于经济效益，在经济效益大体相等的情况下，优选高电压直降这种节能性较好的方案；另一个是深入负荷中心不仅仅针对变压器，对于配电总箱和分箱同样适用，这是因为合理的供配电网络配置不仅有利于节省电缆材料，对减少电能损耗同样重要。

实现按需用能目标是一个不断变化和进化的过程。会展建筑由于体量大、布展建设用电点多以及非展期的存在，其在按需用能方面存在很多过度用电的不利因素。因此，在按需用能方面，设计人员一定要坚持几个准则：

（1）计量仪表应设尽设，这样可以准确地了解建筑物内部设施各项用能情况。

（2）各系统尽量打破壁垒进行整合，这样可以全面地了解建筑物运营的基本信息。

（3）信息数字化建设要加强，不仅在硬件方面还要在软件方面，这样可以为按需用能的实际落实提供坚实的技术平台。

7.2.2 可再生能源的应用

城市可再生能源包括了太阳能、风能、地热能等。太阳能的利用形式由光热利用、光电利用、光化利用和光生物利用，在建筑工程中主要采用光热利用和光电利用这两种形式。光热利用是收集太阳辐射能，转换成热能加以利用，目前主要有太阳能热水器、太阳能干燥器、太阳能蒸馏器、太阳房、太阳能温室、太阳能空调制冷系统等；太阳能的光电利用主要利用光生伏特效应将太阳辐射能直接转换为电能，它的基本装置是太阳能电池。基于会展建筑普遍占地面积大的特点，其太阳能的利用具有特殊优势，主要为光电利用形式，也有部分热水需求可采用太阳能热水器的光热利用形式，其他利用形式较为少见。

太阳能光伏发电基于与市政电网的关系，主要分为独立运行方式和并网上网运行方式。其中并网上网运行方式按系统设计又可分为分布式并网系统和集中并网系统。对于会展建筑，其主供电主要来自市政电源，本身有完备的供配电网络，且有较多的基础负荷，因此，太阳能发电并网形式一般采用并网上网型，这样，可以利用原有供配电网络减少并网设施成本，另外还可以就近消纳发电量，减少线损。太阳能并网工程由电力公司安装双向计量仪表，实现上网计量，并按国家及各地方政策给予补贴。

基于建筑的并网上网型太阳能光伏发电形式有：光伏建筑一体化（BIPV）、屋面太阳能光伏发电系统（BAPV）。光伏建筑一体化以建筑材料的形式作为建筑的一部分，通常采用建筑屋面和（或）光照条件较好的建筑立面。屋面太阳能光伏发电系统一般采用可使用面积大且朝向好的建筑物屋面，在会展建筑应用上，屋面太阳能发电系统与其他光伏发电系统相比具有较大优势，主要体现在以下几点：①不占专门用地面积；②可选光伏组件多；③组件安装方式比较自由；④维护方便。

以国家会展中心（上海）太阳能光伏发电系统为例，如图7-2所示。该项目占地1km²，太阳能资源有一定优势。考虑到屋面承重、使用影响、空中鸟瞰效果等因素，该项目在屋面3个叶片的顶端布置了太阳能光伏发电设施了，总面积约3万m²。

图7-2 国家会展中心（上海）太阳能光伏发电系统

根据本项目实际情况，综合考虑屋面光伏组件安装形式、转化效率、技术可靠性等多方面因素并结合全生命周期经济分析，最终确定采用多晶硅光伏组件作为发电设施，安装规模为2.168MWp。

光伏组件采用直流串联连接，端电压达到750V，各组串通过直流汇流箱接入并网逆变器。并网逆变器采用50kW规格，在室外挂墙安装，逆变后的交流电通过交流汇流箱接入就近变电所，发电量就地消化。根据地理位置分布及系统容量，本工程共设置6个并网点，每个额定电流630A，本工程太阳能发电系统的整体效率为80%。

按上海市全年太阳总辐射量4570MJ/m计算，本系统全生命周期的总发电量约为5000万kWh，年平均发电量约200万kWh，年节约标准煤600t，减排二氧化碳1600t。

7.2.3 未来会展能源系统展望

在光伏发电的基础上，"光储直柔"技术的发展也越来越快。会展建筑太阳能光伏发出的直流电转变为交流电，供负荷使用，但这样的转换过程会造成电量的损失。"光储直柔"技术可以利用光伏等可再生能源发出来直流电不经逆变，直接使用，其基础是在建筑中利用蓄电池、充电桩等构建直流供电微网，然后再结合电动车、冰蓄冷、水蓄冷等柔性负荷调节措施实现"零碳"建筑目标。与常规光伏建筑相比，光伏直流建筑具备电能利用率高（提高6%～8%）、节能优势明显、设备投资少，投资回收期短（省去逆变、变压等设备，节省设备初投资约10%）等优势。

7.2.4 直流供电与储能

　　工业领域特别是船舶，很早就采用直流方式统一配电，直流直接输出的方式也是系统的一部分。直流供电在风电，太阳能设备的利用方面；在工业储能和后备电源的能量转换方面；在大功率直流设备的电源方面都具有巨大的优势。根据前述分析，会展建筑基于本身的物理特点在以上各条技术路径上都具有较大的应用价值。传统的配电方式，从高压到低压，从配电室到末端设备，一层一层向下辐射。但在"直流时代"可以利用变电站资源整合储能站和能源站。这种新模式是泛在电力物联网的一种典型应用场景，在这种模式下，能源站距离电源近，储能系统灵活、可控地为能源站提供持续、可靠的后备电源。以能量路由器为枢纽的柔性直流输配电系统可作为三站间的连接器，高效地连接变电站、储能站、能源站，实现由清洁能源至直流负荷的高效传输，网荷储协同供电。直流供电与储能如图7-3所示。

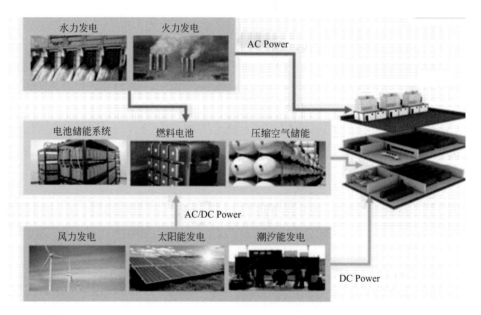

图 7-3　直流供电与储能

　　随着电力电子技术不断更新发展，交流与直流技术在电能应用适配性的天平正在向直流配电倾斜。由于直流配电与智慧化设备具有天然的共生性，可以预计在不久的将来，规范化的直流供电系统一定会逐步发展壮大。

7.2.5 充电桩与储能

　　充电桩作为电动汽车的基础能源供应设施，在电动汽车普及的将来一定是能源消耗和节能控制的关键节点。会展建筑是人员聚集的场所，快速聚合并离开、场地广大、这些都为超级快充在会展建筑的应用提供了天然需求。

　　动力电池以及充电基础设施在应用中的不断完善为超级快充的发展做好了必要的准备，但是，超级快充仍面临许多挑战：比如紧急快速充电场景由于时间仍较长，还不能得到客户的认可，超级快充在建筑中应用的安全问题、超级快充对电网的冲击等诸多问题。

制约电动汽车发展最主要的瓶颈还是充电时间的问题，充电时间的缩短，充电功率的提高需要超级快充功率的进一步提升，但随之超级快充功率的变化将对我们的电气系统产生巨大影响，供电设施需要满足间歇性电流的冲击，而储能设施作为电力能源的仓库可以从技术上缓解这些问题。超级电容器储能已在会展建筑中应用，电化学储能的应用更广，但超导储能作为唯一直接储存电流的技术有可能在将来的应用中占据重要的地位。

在未来，随着"光储直柔"技术的大规模引用，会展建筑的供配电架构也许将迎来颠覆性变化。强电与弱电、供电与控制也许将不分彼此，整合的电源与通信设备也许和照明灯具一样遍布在我们周围，一个展位也仅需要这样一个终端就能解决所有问题。整个空间将被每个终端形成的无形功能领域气泡填充，电气系统将更加灵活与智慧，电能将被更充分地利用，如果再加上可预期的超导技术，不能提供服务的能耗将被彻底消灭，电力将进入一个全新的发展阶段。

7.3 服务会展综合体的能源中心

7.3.1 会展建筑空调能耗特点

会展建筑是现代化的大型公共建筑，其最大的特点就是展厅建筑空间高大、空阔，人员密度大。通常情况下，对展厅总冷负荷影响最大的是新风负荷，约占总冷负荷的40%，其次是内部得热产生的冷负荷（照明、设备及人体）。由于展区的内区所占的比例较大，尤其是大型展厅，由围护结构和外窗带来的冷负荷较小。新风冷负荷及人员散热量都与人员密度密不可分，因此展厅的人员密度值的选取和确定就成了影响展厅总冷负荷的至关重要的因素。图7-4所示是某展厅设计日逐时负荷指标。由于室内热扰量及新风负荷较大且稳定，且该部分在总负荷中所占的比重较大，所以展厅内的负荷在运行时间段基本维持在一个较高的水平。

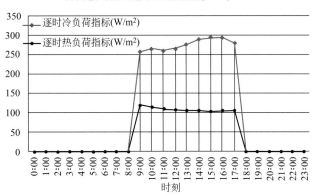

图7-4 某会展建筑设计日逐时冷负荷指标

要全面了解一个建筑的能源需求，我们还需要进一步了解这个建筑的使用情况。我们来看一个较为成熟的会展建筑的开展概况。因为新冠疫情对会展的开展有一定的影响，故而我们选择了2019年的数据。图7-5中给出的12张图是上海某会展建筑1~12月的开展情况。

从图7-5来看，会展建筑的使用具有非常鲜明的特点。第一个特征是展览有旺季和淡季之分，展览旺季为3~6、9~11月，展览淡季为1、2、7、8、12月。第二个特征是会展周期一般为7~10天，其

会展建筑电气及智慧设计关键技术研究与实践

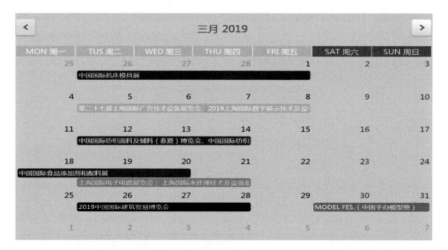

一月 2019

MON 周一	TUS 周二	WED 周三	THU 周四	FRI 周五	SAT 周六	SUN 周日
31	1	2	3	4	5	6
7	8	9	10	11	12	13
14	15	16	17	18	19	20
21	22	23	24	25	26	27
28	29	30	31	1	2	3
4	5	6	7	8	9	10

中国（上海）国际婚纱摄影器材展览会

二月 2019

MON 周一	TUS 周二	WED 周三	THU 周四	FRI 周五	SAT 周六	SUN 周日
28	29	30	31	1	2	3
4	5	6	7	8	9	10
11	12	13	14	15	16	17
18	19	20	21	22	23	24
25	26	27	28	1	2	3
4	5	6	7	8	9	10

中国国际机床模具展

三月 2019

MON 周一	TUS 周二	WED 周三	THU 周四	FRI 周五	SAT 周六	SUN 周日
25	26	27	28	1	2	3
4	5	6	7	8	9	10
11	12	13	14	15	16	17
18	19	20	21	22	23	24
25	26	27	28	29	30	31
1	2	3	4	5	6	7

中国国际机床模具展
第二十七届上海国际广告技术设备展览会、2019上海国际数字展示技术及设
中国国际纺织面料及辅料（春夏）博览会、中国国际纺织
中国国际食品添加剂和配料展
上海国际电子电路展览会、上海国际水处理技术及设备展
2019中国国际建筑贸易博览会
MODEL FES.（中国手办模型祭）

四月 2019

MON 周一	TUS 周二	WED 周三	THU 周四	FRI 周五	SAT 周六	SUN 周日
1	2	3	4	5	6	7
8	9	10	11	12	13	14
15	16	17	18	19	20	21
22	23	24	25	26	27	28
29	30	1	2	3	4	5
6	7	8	9	10	11	12

中国国际五金博览会
上海国际汽车工业展览会
上海国际汽车工业展览会

五月 2019

MON 周一	TUS 周二	WED 周三	THU 周四	FRI 周五	SAT 周六	SUN 周日
29	30	1	2	3	4	5
6	7	8	9	10	11	12
13	14	15	16	17	18	19
20	21	22	23	24	25	26
27	28	29	30	31	1	2
3	4	5	6	7	8	9

中国国际自行车展览会、中国国际电动车及零配件展览会、上海国际户外装备、上海大妇婴童装博会

全国药品交易会、中国国际医疗器械（春季）博览会、中国国际医疗器械设计

AchemAsia 2019

中国国际体育用品博览会

上海国际交通工程、智能交通技术与设施展览会

2019第六届上海国际糖酒商品交易会、第十一届上海B

六月 2019

MON 周一	TUS 周二	WED 周三	THU 周四	FRI 周五	SAT 周六	SUN 周日
27	28	29	30	31	1	2
3	4	5	6	7	8	9
10	11	12	13	14	15	16
17	18	19	20	21	22	23
24	25	26	27	28	29	30
1	2	3	4	5	6	7

第十一届上海国际新材料展览会、第十一届上海国际工业展
上海国际膜与水处理技术及装备(上海国际水处理、上海膜

中国国际医用技术和设备展览会

2019上海国际软包装与彩装技术展览会
第十五届上海国际粘带保护膜及功能薄膜展览会

第二十五届上海国际加工包装展

第十届中国健康产品展览会、2019亚洲天然及营养保
第十四届上海国际燃料乙醇科技装

第二十四届中国(上海)国际制膜及网络技术设备展览会、2019生活方式上海展

2019上海染颜料专业展暨第十届汽车染颜料展

七月 2019

MON 周一	TUS 周二	WED 周三	THU 周四	FRI 周五	SAT 周六	SUN 周日
1	2	3	4	5	6	7
8	9	10	11	12	13	14
15	16	17	18	19	20	21
22	23	24	25	26	27	28
29	30	31	1	2	3	4
5	6	7	8	9	10	11

第二十一届上海国际摄影器材和数码影像展览会
中国国际机器人展览会
2019上海国际科学
中国(上海)国际摄影器材展览会（秋季）

上海国际时尚育儿产业博览会/上海国际授权展览会

八月 2019

MON 周一	TUS 周二	WED 周三	THU 周四	FRI 周五	SAT 周六	SUN 周日
29	30	31	1	2	3	4
5	6	7	8	9	10	11
12	13	14	15	16	17	18
19	20	21	22	23	24	25
26	27	28	29	30	31	1
2	3	4	5	6	7	8

2019上海国际无人值守零售展览会、2019上海国际台球
FIBO健身展

中国国际家用纺织品及辅料（秋季）博览会
中国国际口腔医学大会

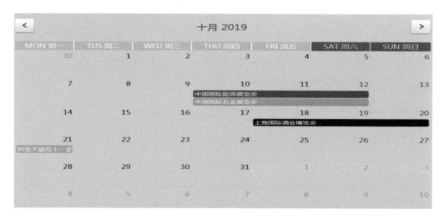

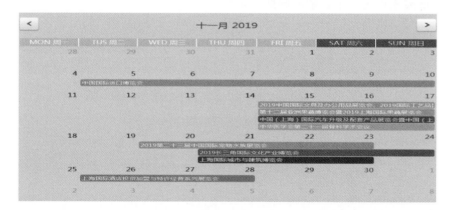

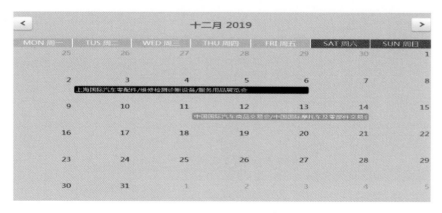

图 7-5　上海某会展建筑 1 ~ 12 月的开展情况

中3~4天布展准备，3~5天展览，1~2天撤展休息。可见，展厅建筑具有非常显著的间歇运行特点，除了在展会期间的运行时间基本在白天8:00~17:00以外，其仍有大部分时间处于空置或是处于安排布展期，所以展厅建筑的负荷虽然较大，但其维持的时间并不长；尤其是过渡季节，基本可以通过采用全通风的形式满足室内热舒适性要求。在城市综合体内的所有展厅建筑，其同时举行展览的可能性不大，其总设计负荷估算时，应经过充分的调研分析，获取较为可靠的同时使用系数。

7.3.2 服务于会展综合体的能源中心建设思路

1. 多业态融合，通盘考虑

现在的会展建筑，往往是个以会展为主要功能，融合办公、酒店、商业等功能的会展综合体。通过建设能源中心，可以实现用能的集约化，从而进一步实现会展综合体的总能耗降低。能源中心具有节能减排、减小电网峰谷差、运维专业、有利于节约城市土地资源、可靠性高等优势。建设人员应该充分考虑不同业态的用能特点，综合当地市政基础能源的供应条件，选择合理的能源中心建设方案。

2. 一次规划，分期实施

大型会展综合体的建设不是一蹴而就的，而能源中心的建设可以采用一次规划，分期实施的方式进行建设，这样能更好地服务于会展综合体。

通过调研国内各会展中心单位面积空调负荷，发现差异显著，甚至高低差别一倍。这促使我们进一步思考如何实现能源供应与展览的高效结合？如何降低制冷/热设备装机？如何充分提高供能设备的年利用小时数？举个例子，会展周期一般为7~10天，其中3~4天布展准备，3~5天展览，1~2天撤展休息。用能高峰是在展览期，而布展和撤展期间用能需求是很少的。如果采用合适的蓄能技术，充分利用布展和撤展来作为一个蓄能的周期，可大幅降低冷冻机的安装容量，降低供电的最大需量。当以日为蓄能周期，比如夜间低谷蓄能白天释能，则制冷时长为24h，供冷时长约为10h，二者比值为24/10；而如按布展周期为蓄能周期，如表7-1所示，在一个蓄能周期里制冷时长可达240h，供冷时长为50h，比例为24/5。如采用这种方案，可将制冷设备的装机容量减半，相应供电容量也可以减半。当然这种方案也有不利的一面，会导致蓄能设备的投资和蓄能设备的占用面积增加。具体的项目应结合场地条件、外部能源条件具体分析。

为了满足供能系统的分期实施，电气系统的设计也采用相应的分期方案。比如市政外线方案，应和供电部门征询用电容量逐步提升的方式；所有变配电设备用房宜按分期的方式进行分隔；变配电所宜采用下进下出线的方式，方便后期增加变配电设备；要考虑专门的运输通道，方便后期设备的运输或吊装。

蓄能方案数据										表 7-1
使用工况	撤展	撤展	布展	布展	布展	开展	开展	开展	开展	开展	小计
日期	DAY1	DAY2	DAY3	DAY4	DAY5	DAY6	DAY7	DAY8	DAY9	DAY10	
制冷设备运行时长（h）	24	24	24	24	24	24	24	24	24	24	240
用能时长（H）	0	0	0	0	0	10	10	10	10	10	50

3. 多能互补

一般而言，电力是最常见的能源，而每个项目因所在的城市不同往往有自身的能源条件，比如对于一些燃气价格更有优势的城市，采用三联供或溴化锂机组进行供冷供热反而更有优势；而有些项目水源条件比较好的区域，采用江水源热泵或地源热泵也许是更优的选择。故而空调系统的形式也相应有多种形式可供选择，例如水蓄冷、三联供+离心机、电制冷离心机、直燃机、热泵等方式。特别值得一提的是采用冷热电联供的方案，如图7-6和图7-7所示，分别是燃气三联供机组制冷工况和制热工况的流程图。

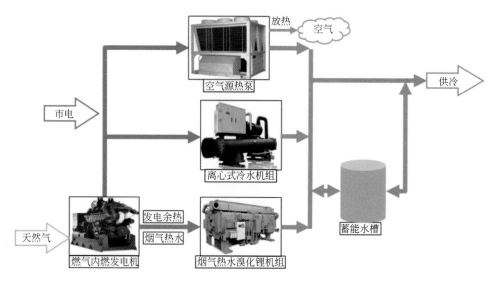

图 7-6　制冷工况流程图

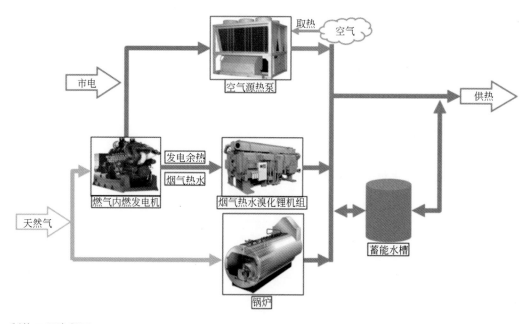

图 7-7　制热工况流程图

发电系统主接线如图7-8所示，采用自发自用，余电上网的方式，由于燃气和电源是不同源的，采用这种供能方式还可以在一定程度上提高供能系统的可靠性。同时，当外部能源价格发生变化时，运营管理方还可以通过调整不同设备的运行时长来降低运营费用。

会展建筑电气及智慧设计关键技术研究与实践

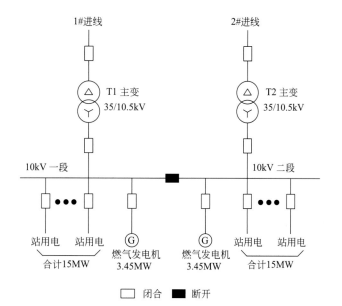

图 7-8　三联供系统主接线示意图

第8章 会展建筑智慧设计

8.1 智慧会展信息化应用系统

8.1.1 无线对讲系统

1. 无线对讲系统的需求

考虑到会展的建筑内对无线信号的阻挡和衰减。建议建设一套FM调频广播、物业、消防及800MHz无线应急通信覆盖系统，同时满足物业的日常管理和救灾人员以及应急管理部门及时有效地获得指挥信息及救灾讯息。

会展内部是一个多元的组合体。人员众多，地形复杂，物业的日常管理安保等，对于一套良好的无线对讲通信系统也是相当依赖。当发生灾情时，人员的疏散和营救更将会是巨大的工作量，需要大量有经验的管理人员及消防战士和成熟的预案来保障人员撤离。所以有效的协调和指挥救灾人员，可以最大程度降低灾害的损失。

系统的建设完成后，需预留和大平台对接的接口与智能运维接口。

2. 无线对讲系统设计原则

1）先进性

在系统设计上，整个系统软硬件的设计符合高新技术的潮流，数字化、调制、解调、光电传输、环境适用级别等关键项目均处于国际领先的技术水平。在满足现期功能的前提下，系统设计具有前瞻性，在今后较长时间内保持一定的技术先进性。

2）安全性

消防系统主机设备应符合相应的国家强制性规范要求，在消防救灾的苛刻环境中保持良好的工作状态。各系统在数据制式、传输中采用全面的安全保护技术，提高信息安全性。同时天馈系统在防雷、过载、断电和人为破坏方面进行加强，具有高度的安全性和保密性。对接入系统的终端设备和用户，系统内部自行进行严格的接入认证，以保证接入的安全性。系统支持对关键设备、关键数据、关键程序模块采取备份、冗余措施，有较强的容错和系统恢复能力，确保系统长期正常运行。

3）合理性

在系统设计时，充分考虑系统的容量及功能的扩充，方便系统扩容及平滑升级。系统对运行环境（硬件设备、软件操作系统等）具有较好的适应性。

4）经济性

在满足系统功能及性能要求的前提下，尽量降低系统建设成本，采用经济实用的技术和设备，利用现有设备和资源，综合考虑系统的建设、升级和维护费用。系统符合向上兼容性、向下兼容性、配套兼容和前后版本转换等功能。

5）实用性

本系统提供清晰、简洁、友好的人机交互界面，操作简便、灵活、易学易用，便于管理和维护。在快速操作处理突发事件上有较高的时效性，能够满足消防联网指挥的统一行动。

6）规范性

系统中采用的控制协议、编解码协议、接口协议、媒体文件格式、传输协议等符合国家标准、行业标准和企业颁布的技术规范。系统具有良好的兼容性和互联互通性。

7）可维护性

系统操作简单，实用性高，具有易操作、易维护的特点，系统具有专业的管理维护终端，方便系统维护。并且，系统具备自检、故障诊断及故障弱化功能，在出现故障时，能得到及时、快速地进行自维护。

8）可扩展性

系统具备良好的结构输入输出接口，可为各种升级功能提供接口，例如GIS电子地图、终端监控、智能调配等系统。同时，系统可以进行功能的定制开发，可以实现与消防报警系统的互联互通，及后智能运维平台接口。

9）开放性

系统设计遵循开放性原则，能够支持多种硬件设备和网络系统，软硬件支持二次开发。各系统采用标准数据接口，具有与其他信息系统进行数据交换和数据共享的能力。

3. 无线对讲系统布点原则

（1）小功率、多天线。

（2）天线尽量布放在公共区域。

（3）天线尽量沿走廊放置。考虑装潢美观，天线安装在天花板内，适当提高天线功率以满足覆盖。

（4）天线布放要注意控制外泄，裙房部分靠近窗边的天线应经过详细链路计算，确保外泄场强达标，可采用寻找遮挡物、降低天线口功率等方式确保外泄指标符合要求。

（5）对于特别要求的覆盖区域或专项区域，采用专用天线覆盖。

（6）天线布放注意停车场入口、室内外切换、电梯与楼层之间的切换。

（7）对于并排共井的电梯覆盖，按照不共井电梯来设计。

（8）并排电梯天线布放尽量不同楼层错开，保证每层或隔层至少一幅天线。

（9）标准楼层一般采用吸顶天线覆盖，对于规则区域采用隔层错位经行信号互补。

（10）电梯厅、楼梯前室布置的天线对当层有一定的水平方向覆盖能力，公共区域布放天线点位时应充分利用。

（11）根据链路计算和工程经验得出表8-1所示的天线密度表。

天线密度表   表8-1

覆盖区域类型	天线类型	覆盖区域描述	参考设计
会议室、公共餐厅	室内吸顶天线	比较空旷，中间有阻隔物，柱子或其他结构墙体	半径10m
餐饮		实体墙（承重墙）房间面积30m² 以内	包房内、卫生间、传菜间
大型展厅、活动区		空旷、层高较高（8～12m内）	安装展厅角落，对角辐射信号

8.1.2 案例分析

以世界会客厅为例，物业及消防用无线对讲系统为一套消防用和物业用无线对讲主机合路，共用一套天馈系统的无线对讲系统。

（1）物业用系统主机部分由2套数字中继台组成，至少能提供4个独立的通话组，通信终端冗余达500套。通过软件功能增配，实现个呼、组呼、全呼、紧急报警、强拆、强切、短信、语音存储、语音检索、对讲机及系统权限设置等功能。

（2）在地下一层消防控制中心内设置一套消防专用的通信系统。提供至少三个同时通信的通话组，且可同时支持一组消防指挥员通信及两组战斗员通信。消防系统中任意通话组可与消防广播系统进行联动，当报警警号响起时，消防广播系统可通过消防对讲系统发送告警或语音。消防指挥中心可过远程控制系统主机，并监控其工作状态。

（3）FM调频广播、物业用系统、消防用系统与应急管理系统采用收发同缆及多网合路共用的天馈方式，由室内天线、功率分配器、耦合分配器、低损耗通信电缆、近远光端机、系统共用合路平台等设备组成。无源射频器件及天线采用带内波动极小的宽频带设备，同时保证信号传输要求，从而做到系统成本控制，提高性价比。

（4）整个系统提供全覆盖的4个的物业用通信组、3个消防用、2个应急管理用通信组，如表8-2所示。

通信组情况   表8-2

使用方	使用主设备	可提供通信组	通信范围
物业用	内部物业信源	4个物业通信组	世界会客厅项目内部
消防用	内外部消防信源	2个战斗组	世界会客厅项目内部
	外部信号源	1个指挥组	

8.2 智能化集成系统

8.2.1 智能化集成系统要求

智能化系统集成应在建筑设备监控系统、安全防范系统、火灾自动报警及消防联动系统等各子分部工程的基础上，实现建筑物管理系统（BMS）集成。BMS可进一步与信息网络系统（INS）、通信网络系统（CNS）进行系统集成，实现智能建筑管理集成系统（IBMS），以满足建筑物的监控功能、管理功能和信息共享的需求，便于通过对建筑物和建筑设备的自动检测与优化控制，实现信息资源的优化管理和对使用者提供最佳的信息服务，使智能建筑达到投资合理、适应信息社会需要的目标，并具有安全、舒适、高效和环保的特点。

8.2.2 智能化集成系统功能

1. 环境可视化

（1）支持在系统中直观展示楼宇周围的建筑、道路、桥梁分布等信息。

（2）支持场景中标志性的楼宇、道路及桥梁等以顶信息牌的方式展示，方便用户快速确认楼宇在城市中的位置。

（3）支持在三维场景中旋转、平移、缩放视角，以不同的角度查看楼宇的周围环境。

2. 建筑可视化

（1）支持根据实际建筑外观完成3D建模，实现以虚拟仿真的形式完整呈现建筑物整体轮廓及在三维地图中的位置。

（2）支持在系统中直观展示建筑物的占地面积、楼层及高度等信息。

（3）支持生成楼宇轮廓半透明线框模型，用色块标识建筑的功能区域分布。

（4）支持集成智能设备管理系统，展示楼宇内的智能设备统计信息。

3. 结构可视化

（1）支持以虚拟仿真的形式完整呈现建筑物内部每层的结构。

（2）支持根据楼层的实际建筑结构完成3D建模，楼层可以展开查看。

（3）支持展示不同功能楼层的平面图并标注尺寸。

（4）支持展示楼宇内部不同结构的空间布局、在整体楼层中位置、功能说明等信息。

4. 区域可视化

（1）支持在系统中以智能楼宇的建筑模型为基础，按照智能楼宇的功能区域对楼宇三维模型按照楼层进行分解展示。

（2）支持标注区域的起止楼层及功能说明，方便用户或管理者直观了解楼宇不同的功能区域。

5. 智能供电可视化

（1）支持集成供电监控系统，展示楼宇供电线路及供电设备的空间分布。

（2）支持用不同颜色标识设备的不同工作状态，用不同颜色的色块标识变电所供电区域。

（3）支持用顶信息牌的方式展示每个电表的实时监测数据；可以信息面板、图表的形式分类展示不同用途的用电量的统计信息。

（4）支持在系统中设置用电量的阈值，当用电量超过阈值时在系统中高亮、闪烁提示用户，提醒用户检查是否存在漏电、异常设备等情况。

（5）支持通过系统灵活地远程关闭/开启智能电闸设备，方便用户处理应急情况。

6. 智能供水可视化

（1）支持集成供水管理系统，展示楼宇内供水管线及供水设备的空间分布、管线的流向。

（2）支持用不同颜色模型展示设备的不同工作状态信息。

（3）支持用顶信息牌的方式展示每个水表的实时监测数据；以信息面板、图表的形式分类展示不同用途的用水量的统计信息、占比或对比信息，方便用户直观了解楼宇用水量情况。

（4）支持在系统中设置用水量的阈值，当用水量超过阈值时在系统中高亮、闪烁提示用户，提醒用户检查管道是否存在漏水等情况。

7. 智能照明可视化

（1）系统集成照明监控系统，在系统中展示所有照明设备的空间分布。

（2）用顶信息牌的方式展示楼宇内的所有照明设备的运行状态（用不同颜色标识开、关、故障等状态）。

（3）支持点击每个照明设备查看照明设备的运行功率、耗电量、剩余寿命及维修等信息。

（4）支持用信息面板的方式展示不同用途的用电情况统计信息。

（5）远程操作功能，使管理人员通过电脑及前端面板的三维场景灵活地反向对照明设备进行开关、调光或其他操作。

8. 智能监控可视化

（1）支持集成楼宇的视频监控系统，直观展示楼宇内的视频监控系统的摄像头空间布局及工况。

（2）系统应支持摄像头名称搜索，符合条件的摄像头顶气泡。

（3）支持单点、多点选中可出实时视频或视频墙显示。

（4）支持通过动作识别、人脸识别、禁区闯入、物品遗落等摄像头智能识别事件（摄像头前端或后端智能识别服务提供）均可触发摄像头提示告警，并支调取相关摄像头图像。

9. 智能门禁可视化

（1）支持可视化展示所有门禁在楼宇分布情况及工况信息，并通过顶牌方式进行展示，方便用户快速定位门禁位置。

（2）支持点击任意一个门禁设备模型弹窗查看最近进入人员信息，包括人员、进出时间等属性。

（3）支持实现楼宇管理人员在系统精准定位楼宇门禁，远程控制每个门禁的开关。

（4）支持当有非法闯入、非法刷卡、尾随、胁迫的人员进入时，门禁系统发起告警并联动推送到系统进行可视化告警。

（5）支持在3D空间快速定位告警点，方便管理人员可视化展示全局，直观地对门禁进行应急操作。

10. 智能消防可视化

（1）支持在系统中用不同颜色可视化展示所有消防类相关管线、消防避难点在楼宇内的空间分布情况。

（2）支持可视化展示消防监控设备的统计信息，方便楼宇管理者快速定位设备或管线，以便了解更多的信息。

（3）支持高亮、生硬、闪烁等方式直观展示探测报警值及报警位置，并通过系统进行排烟防火的操作。

（4）支持通过集成消防监控管理系统，在三维场景中展示各种设备的实时工作状态，并用不同颜色、不同形状的图例进行区分。

11. 电子巡更可视化

（1）支持结合人员定位系统、视频监控系统和告警系统，在系统中实时显示巡更人员在楼宇中的位置和巡更人员的基本信息，实时展示巡更人员的活动轨迹。

（2）支持通过调取巡更点附近的监控视频，查看巡更的真实情况。

（3）系统应支持告警提示，如果在指定时间内没有完成巡更工作，巡更人员出现问题或者危险会及时被发现。

12. 智能空调可视化

（1）支持在三维环境中展示所有空调设备（如冷水泵、VAVBOX、出风口、空调箱等）的空间分布及工况（正常的、异常的用不同颜色标识）。

（2）支持用动画的方式展示设备间、管道的流向。

（3）支持展示各楼层的温度、湿度、空气质量值等，方便用户直观了解楼宇的环境。

（4）支持根据统计数据形成温湿度云图、温湿度趋势图等。

（5）支持用顶信息牌的方式展示重点冷源设备的监测值，如实时压力值、实时频率等。

（6）支持用不同颜色的信息牌及数值区别对于超出范围的设备，方便用户直观了解超压、超频的设备。

13. 智能电梯可视化

（1）支持在三维场景中，将建筑透明，直观展示电梯轿厢在建筑中的空间位置，实时、动态运行过程（当前楼层及运行方向等）。

（2）支持通过轿厢内的监控视频查看电梯运行的实时状态。

（3）支持在系统中高亮、闪烁、颜色明显提示发生故障的电梯，提醒用户及时处理故障。

（4）支持调取轿厢内的监控视频查看故障情况。

14. 智能停车场可视化

（1）支持查看整体停车位分布，车位占比用数据展示。

（2）空车位、已占车位用不同颜色区分，方便用户快速了解停车场的车位信息。

（3）支持集成视频监控系统，实现停车场虚实结合的查看，并且当有紧急事务发生时可辅助处理事务。

（4）系统可集成员工的信息系统并应支持车牌搜索定位，根据车牌搜索定位系统中该车所停的车位并高亮显示车位的编号，调取该停车位附近的监控视频，辅助车主或管理员理解停车位附近的环境，确定停车位置。

15. 智能告警可视化

（1）支持与照明监控系统、供水监控系统、供电监控系统、消防监控系统等互联，一旦发现异常情况可及时通过3D可视化系统告警。

（2）支持展示告警详情信息，包括报警位置、相关的设备信息、现场情况、故障类型及级别等。

（3）支持与工单处理系统相连，通过告警派单功能，将告警的位置、故障设备信息等直接发送到物业管理员或维修人员的移动设备上，提高对于故障的响应速度。

（4）支持可对工单任务进行跟踪，形成监控、告警、派单、维修、跟踪的闭环。

16. 人员定位可视化

（1）支持在三维场景中展示人员定位设备的空间分布。

（2）支持用顶信息牌的方式显示设备的工况及基本信息。

（3）支持用突出颜色标识故障设备，方便用户在场景中快速定位故障设备。

（4）支持点击设备后显示设备的详细信息。

（5）支持在系统中实时显示人员在楼宇中的位置及人员基本信息，如姓名、联系方式等。

（6）支持实时展示人员的活动轨迹。（可选精度）

（7）支持调取定位人员附近的监控视频，查看真实情况。（可选精度）

（8）支持在系统中显示监控区域的人员分布统计数据，并以人力分布热力图的形式展示监控区域或整个楼宇的人员分布情况。

17. 环境监测可视化

（1）支持查看环境监测的实时数据，如PM2.5、温湿度数据等。

（2）系统界面应支持以团雾状粒子等效果展示异常空气质量，使环境监测数据更加直观、立体。

8.2.3 智慧运营

1. 票务管理系统

票务系统应具有全方位的实时监控和管理功能；杜绝了因伪造门票而造成的经济损失；可有效杜绝无票人员进场，加强了场馆的安全保障措施；能够准确统计观众流量、经营收入及查询票务，杜绝了内部财务漏洞，对提高场馆的现代化管理水平有显著的经济效益和社会效益；通过对人员不同身份的归类划分，提供信息归类和可利用的增值服务；通过长期的数据积累分析，可累积相关行业的市场动态数据资料；提高观众满意度、改善观众体验等。

票务系统包括：制票子系统、售票员售票子系统、在线售票子系统、验票稽查子系统、观众记录子系统、运维子系统（包含统计分析）、系统维护子系统。

1）基本设计概念

系统采用B/S和C/S相结合的模式，后台采用通用数据库；由于采用模块化设计，整个系统灵活布置，便于功能的扩充。系统综合考虑制票、售票、验票三个票务核心业务，包含以下主要的系统功能：

（1）制票：由专业的支票机构完成门票的设计、RFID电子标签的嵌入、印刷及信息录入。

（2）售票：各销售网点售票，在线购票及移动端购票，打印售票日期、售票点/售票方式、活动日期等，必要时可以录入购票人身份信息，将门票与购票人信息关联，实行实名售票。同时将售票信息录入系统。

（3）验票：出入场馆验票是通过固定读写器读取电子标签门票信息，通过合法人员名单和安全认证模块进行安全认证，如果认证通过，信息正确读出，返回确认信息；否则提示报警。在场馆内进行门票稽查是一种随机抽查，稽查人员可以用手持式设备，远距离直接读取观众的门票信息，如果确有疑问，可要求观众配合做进一步检验。

（4）系统平台和数据库：为票务管理系统提供系统支持、系统管理、数据库存储等功能，包括数据库服务器、存储系统、应用服务器、管理计算机、打印机及网络等设备。可以现场统计不同场次、各个时间段的售票情况；按照售票时间、售票地点、售票种类、售票方式、进场情况等有条件地查询统计；每场、每日、每月收入统计与查询；打印各种数据的统计报表；观众基本信息的统计分析，进一步做大数据挖掘分析。

2）功能需求与程序的关系

功能需求与程序的关系如表8-3所示。

功能需求与程序的关系 表8-3

	在线购票系统	移动购票APP	验票稽查系统	售票员系统	运维管理系统	系统管理系统
登录/注册	√	√	√	√	√	√
分类查询	√	√		√	√	
在线购票	√	√		√		
网点售票				√		
票务预订	√	√		√		
退票管理	√	√		√		
在线选座（可选）	√	√		√		
在线支付	√	√				
订单管理	√	√		√	√	
权限管理					√	

	在线购票系统	移动购票 APP	验票稽查系统	售票员系统	运维管理系统	系统管理系统
场馆管理					√	
赛事管理					√	
信息发布					√	
会员管理				√	√	
统计分析					√	√
商户管理						√
运维支持						√

2. 智慧访客系统

1）系统概述

为提升访客登记的效率和体验，需用"线上预约"和"智能现场登记"两种方式来取代传统前台纸质登记、内部人员陪同的访客管理模式。

2）功能要求

（1）"线上预约"为外部人员（主要为访客）进入写字楼的主要注册方式

"线上预约"由内部员工邀请的形式发起，内部员工通过微信小程序、访客系统员工端、协同平台统一入口进入邀请页面，填写访客姓名、手机号、身份证/护照号、所属单位、来访事宜、拜访日期等信息，经部门经理审批后生成邀请函通过邮件/短信发送给访客，访客接受邀请即可获得进入写字楼现场注册的权限。线上预约需支持以下功能：

① 系统需支持短期访客、长期访客、驻场供应商、团组访客四种访客类型，不同访客类型需对应不同访客信息字段。

② 在员工邀请时，访客信息需比对黑名单，如是黑名单内访客触发额外审批流程。

③ 访客系统需支持流程审批功能，可根据访客类型、拜访区域等条件走对应的审批流程进行审批，需支持组织架构同步下的多级审批权限。

④ 系统需对接多种服务，包含停车、访客网络、电话、电脑、打印机、工位等；如员工在邀约时选择了相应服务，需申请转IT、行政及物业管理 办理工位、门禁卡、IT设备等事宜。

⑤ 访客系统需支持代理审批功能，高层领导或出差人员的访客邀请及审批可委托给秘书或同事来处理，同时系统需记录所有委托期间的审批情况，委托人可设置委托时间或随时收回委托权限。

⑥ 访客系统微信服务功能需要支持公众号或小程序嵌入，并为未来可能采用的企业微信、Teams等IM工具保留接口。

⑦ 访客邀请函中的地图采用高德地图，需确保能正确显示英文名称及地址。

⑧ 访客系统需支持被访人所在地、接待地点、第三方会议系统信息等多种会面地点信息。

⑨ 访客系统需支持为不同部门或业务类型设置默认拜访人的功能，满足VIP或临时访客的特殊拜访需求。

⑩ 访客系统需支持在Web端上传Excel进行批量邀请的功能，满足面试、会议邀约、参观等团队邀请的需求。

⑪ 访客系统需支持历史记录快捷功能，无论是访客预约还是员工邀请，都支持在历史记录中点击再次预约或邀请，除了时间无需再填其他信息。

⑫ 对接的短信平台需支持国内/国际短信。

（2）智能访客现场注册

已预约或受邀请的访客，在到达大堂后，可在自助访客一体机或前台访客机上进行访客信息现场注册，访客刷身份证或护照验证预约信息，如已预约且随申码验证合格的，提示注册成功系统自动通知被访人接待，并给予访客相关通行及网络权限。现场注册需支持以下功能：

① 访客系统需支持二维码、人脸、身份证、手机号等多种信息验证手段，自助访客机或前台访客设备可支持护照、驾照、台湾及港澳往来大陆通行证等证件进行身份验证。

② 若证件识别有误，可由前台人员修改访客信息（仅录入时）。

③ 访客系统需可配置支持自动打印不干胶访客贴，访客贴纸需可定制彩色背景。

④ 访客系统需可配置支持签署安全协议，安全协议在自助访客机和前台访客机上需要支持手签。

⑤ 访客系统需支持中英文双语，且需支持在不退出APP或关闭网页的情况下的前端无缝切换。

⑥ 自助访客设备或前台访客机端需支持全程语音操作导航，减少前台或安保人员的干预指导。

⑦ 随申码验证需与上海大数据中心对接，真正识别随申码内容及有消息。

⑧ 自助访客设备或前台访客机端需支持企业图片轮播，支持个性化企业形象展示。

⑨ 访客系统需支持访客到访验证后自动通知被访人的功能，通知渠道包括并不限于微信、短信、邮件、OA等。

⑩ 访客注册成功后Wi-Fi系统需自动开放相应服务权限，并在访客贴纸上自动打印Wi-Fi名、账号、密码等。

⑪ 长期访客在注册成功后，由前台发放长期访客卡。

⑫ 团组访客需员工下楼接待，员工在自助访客机上输入工号后刷脸或刷卡验证身份，验证成功后显示需要接待的访客列表，确认接待后系统自动根据团组人数打印访客标签。

（3）VIP访客现场快速注册

对于VIP访客，可由前台进行快速注册，前台录入相关信息后可直接电话联系被访人，被访人系统授权或电话授权后直接打印访客标签放行。VIP访客现场注册需满足以下功能：

① VIP访客信息支持补录，可由前台或被访人在接待完毕后补全信息。

② 对于政府工作人员及其他特殊人员可参照此方式现场注册，其他访客则需现场预约。

（4）未预约访客现场预约

对于未预约的短期访客，可在现场进行预约后，由员工下楼接待，需满足以下功能：

① 现场预约的访客需要先验证身份和随申码后，再提交预约信息。

② 现场预约访客的接待流程与团组访客一致。

（5）管理系统功能

管理员可以凭账号密码进行平台管理，包括但不限于：内部人员信息导入、所有访客记录查询和统计、审批流程设置、邀请函模板设置、访客贴纸设置等，前台可以通过Web访客登记系统进行查看当日所有访客记录。

① 需支持集团化管理模式，支持最少三级架构管理体系，支持为不同企业设置管理员进行分级管理的功能。

② 需支持多前台或多门岗的管理，支持前台或门岗的班次管理。

③ 需支持为不同企业配置不同邀请函、为不同前台配置不同验证流程的功能，满足集团架构下不同企业不同访客管理模式的需求。

④ 需支持按照不同访客类型给予不同通行权限的功能，满足面试、会议、供应商等不同访客的不同周期权限需求。

⑤ 需支持报表输出功能，支持按照字段自定义报表或固定报表的功能，支持报表的Excel导出。

⑥ 需支持自定义访客报表，可根据字段生成不同维度的访客统计报表。

⑦ 需支持高可用及双机热备部署方式。

⑧ 自身的系统安全及访客数据安全，在投标时需有详细表述及例证。

3. 多媒体信息发布及会议引导系统

1）系统概述

多媒体信息发布系统在智能会展中心的建设中已经成为不可缺少的重要部分，使会议会展管理更为人性化、数字化、媒体化，给会展的物业管理带来了极大的方便，整体形象有了较大的提高，多媒体信息发布系统将会议会展信息、政企新闻简报、领导讲话、欢迎致辞、通知通告、工作安排、紧急事件插播及日历时间天气预报等信息进行整合统一管理，通过网络平台按照一定管理机制将信息传输到终端播放机通过显示屏显示出来。

多媒体信息发布系统以前瞻性、先进性、实用性为设计思路，实现集中控制、统一管理的方式将音视频、图片、文字、PPT等多媒体信息通过网络平台传输到显示终端，以高清数字信号播出，能够有效覆盖会展中心的入口、前厅、大堂、电梯厅、旋转/滚动楼梯、会议室、电梯间、通道等公共区域；能够实时播放企业信息；会议导航、通知通告等重要信息，不仅提高工作效率和提高管理水平，也提升会展中心的自身形象，必将全面提高会展品牌效益和核心竞争力。

2）系统要求

信息发布系统一般在会展中心的入口、前厅、大堂、电梯厅、旋转/滚动楼梯、会议室、电梯间、通道等公共区域处设置信息发布屏。

系统主要由显示器、多媒体控制器、一体化触摸显示屏、网络传输、操作站、服务器、系统软件等设备组成。

中心设置包括流媒体服务器、信息发布管理工作站和软件等设备，系统中心服务器设备设置层消控中心中，与其他弱电系统实现集中统一管理。

信息发布系统可采用B/S架构的联网型系统，信息发布系统接入监控（设施）网络。

为室外LED大屏预留好信号接口，可实现对室外LED大屏的数据推送。

系统集中实时统一管理、多路播控、灵活分配等功能，多媒体信息发布平台，用户通过授权校验后，登录到中心控制系统主控端，可进行节目内容采集、编排、发布和管理等操作，最终由网络将节目传输到各显控终端进行本地存储及播放。满足网络化管理的方便需求。

各项基本功能如下：

① 系统支持播放屏幕横放或竖放都可以发布信息；

② 能够实现网络化的控制；

③ 能够支持采集网络新闻天气预报等；

④ 系统能够对显示终端的状态进行监控，并可对其控制（开关机、参数调节等）；

⑤ 软件能够支持视频、图文信息、时钟信息等的叠加，制作模板简单方便可视化；

⑥ 能够对每个显示终端进行独立控制，每个终端均可播放不同的内容；

⑦ 对终端进行分组，播出信息分组发送；

⑧ 能够做到播出终端和控制中心的时钟信号同步；

系统具有扩展性，可以进行适应性的软件功能开发或接入第三方应用，将来若有室内外LED电子公告牌、触摸查询机、室内外PDP大屏幕拼接墙等不需要再次开发。

系统安全性高，一旦发生系统错误可以及时还原。

此外，系统还将支持如下功能：

① 支持定时或及时自动下载更新功能；

② 支持分屏功能，可自由分割组合；

③ 支持紧急通知和紧急插播功能；

④ 支持分级审核管理，实现分权限管理功能；

⑤ 支持游动字幕（走马灯）功能；

⑥ 支持融合排队叫号系统功能；

⑦ 支持TV、流媒体、监控、视频会议转播功能；

⑧ 支持各种文件格式的综合显示功能；

⑨ 支持媒体素材管理、播放控制、日志管理、用户管理等各类管理功能。

8.2.4 案例分析

以世界会客厅为例，其信息引导和发布系统集信息发布、会议预约管理、引导等功能于一体，系统基于网络建设，可实现整个会议中心的信息发布。系统支持软件授权的方式，可将视频、音频、图片信息和滚动字幕等各类任意组合的多媒体信息通过网络传输到分布在网络任一结点的媒体播放端，然后由播放端将组合的多媒体信息分组、分时段在相应的显示设备上播出。本项目信息发布系统包括公共信息公告及发布、多媒体信息查询。在主要出入及电梯间设置电子公告显示屏。

信息发布系统控制中心设置在网络机房或指挥中心内。

信息发布的主要设备为电梯厅的22寸液晶显示屏，55寸墙装或竖装液晶显示屏。

8.3 会展建筑智慧安防系统

8.3.1 视频监控系统

1. 场景特性分析

现场室外场景属于开阔大场景，需要设置高倍率球机；室内场景不同于一般的建筑楼宇，室内属于大型场馆类型，并且各别展览展示场景光照比较暗，需要部署低照度摄像机。

通过综合考量，该项目前端产品选型需要考虑的因素包括但不限于以下情况：

（1）场景开阔度。

（2）低照度环境。

（3）逆光环境。

（4）人员密集度。

（5）安装方式（壁装、顶装、吊装）。

2. 设计原则和依据

为了达到国内领先的目标，该系统设计应该充分考虑系统的合理性、先进性、实用性、可靠性、稳定性和可扩展性的原则。

1）合理性原则

为了保证整个系统从设备配置到系统构成的合理性，系统设计根据实际状况和建设治安防控系统的具体要求，充分满足用户在使用中的各项功能要求。为了保证系统的顺利使用以及与已建成系统集成的顺利进行，本系统的建设需要提供开放的软件接口，提供底层SDK和API，从而为将来开发出实用而简易的集成软件，完成系统集成打好基础。

2）先进性原则

当前，计算机及通信技术高速发展，使得系统的设计不但要考虑充分利用当前的最新技术，而且还必须考虑随着技术的进一步发展，能在系统中不断融入新技术，使系统始终充满活力，始终保持一定的先进性。在视频监控系统的设计中，对所有设备和相应软件的设计中，应该选用国际先进的视频监控设备和系统，从而既保持传统监控系统图像质量高的特点，同时能够彻底解决监控系统数字化、网络化过程中的瓶颈问题。真正实现国内先进水平的目标。

3）实用性原则

系统的建设应以实用性为基本原则。系统功能必须满足监、控、存、查、管、用的基本要求，硬件和软件平台界面友好、易学易用、使用方便、图像清晰；采用统一的系统标准和通信协议，使整个系统中各个子系统间能互联互控，充分发挥整个系统的功能。

4）可靠性原则

保证安防监控系统安全、正确地完成相应功能，保证系统的完整性、正确性和可恢复性，系统的不稳定因素要从硬件、软件系统协同运行中给予充分的防止。如有发生也应做到可即时地恢复，所有产品均具有正式的出厂合格证明和权威机构的质量认证。

5）可扩展性原则

可扩展性原则主要体现在系统横向和纵向的扩展能力上。在系统横向扩展方面，智能视频监控系统在满足当前视频监控需求的基础上，应该非常方便地扩展容量，可方便实现更大容量的视频监控系统。在纵向扩展方面，视频监控系统具有良好的兼容性和通用的软硬件接口，用户可在其基础上进行二次功能开发（如图像智能分析等）。

3. 人脸识别摄像机的部署和特性

人脸识别摄像机，部署在出入口和各个职能区域的通道口，用于抓拍经过的人脸。

人脸比对业务分为人脸抓拍和人脸比对两种智能业务，由前端（高清智能摄像机、人脸检测器、防护罩、传输设备）和后端（监控中心）两部分组成。人脸卡口的方案中前端IPC主要负责对人脸进行抓拍，通过人脸评价算法筛选出最佳人脸图片上传到后端平台。后端服务器根据前端IPC上传的人脸图片相关特征数据，进行数据接收/特征提取，对照服务器中储存的人脸信息库进行筛查比对，根据要求进行相应联动告警。

（1）安装位置：处于通道或者出入口的正前方。

（2）安装高度：建议2.0～2.5m。

（3）枪机距离抓拍点的水平距离：和选用的不同镜头的焦距有关系，焦点在通道出入口，人脸瞳距要求为60～80，且人脸像素不小于80×80。

（4）监控区域的宽度：介于1.5～2.5m。

（5）摄像机俯视角度：约在15°以内。

枪机安装示意图如图8-1所示。

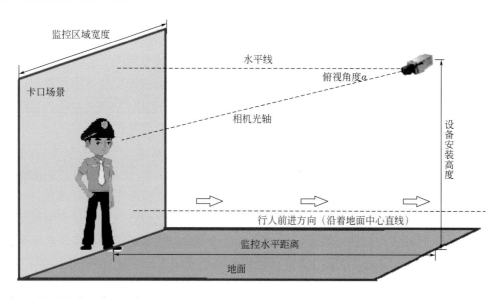

图 8-1　人脸识别摄像机安装位置示意图

　　前端IPC负责对人脸进行识别抓拍，通过人脸评价算法筛选出最佳人脸图片，并上传至后端人脸分析服务器。IPC采用高清逐帧检测/跟踪技术，自动扫描（检测）监测区域内的人员，使用高效的人脸检测算法，配合先进的目标融合、决策策略，实时定位出其中含人脸信息的区域，实现智能化的实时人脸检测、捕获、筛选，如图8-2所示。

图 8-2　人脸摄像机的抓拍和抠取人脸示意

8.3.2 出入口控制系统

1. 设计原则

在主要的出入口提供各类安保、安检设备和设施，结合安保人员及安检管理系统，以达到国际级的安保标准。

2. 功能要求

具体是在各主要建筑物的重要出入口及门厅处，设置若干安检设备，主要有X光机（配套安检一键报警系统）、安检门、手持金属探测器（安保人员使用）、便携式爆炸物毒品检测仪、危险液体检测仪、防爆罐（固定位置放置）、柔性防爆罐（移动便携式）、防爆毯若干，在车库的主要入口通道处设置自动车底扫描仪器。

同时，利用智能安检物联网管控平台将前端安检道口各类安检设备进行联网管控，实现安检设备互联互通，设备状态实时监控，危险品自动识别报警，设备故障自动报修，数据统计分析报表，人脸识别考勤等功能；指挥中心平台和手机APP可实时分析研判安检信息、现场视频、设备状态、安检员工作情况等系统信息，实现主动预警、自动报警和快速响应，平台具有融合性，可与其他安保管理平台进行融合管控。

8.3.3 防恐系统

1. 安防机器人系统

1）系统简介

安防机器人系统是为适应智能化及高科技安防的发展需求，全面提升安防智能化水平而研制开发的。系统架构如图8-3所示。

目前服务应用的场景在安全管理其特点是服务人群众多，涉及区域广泛，工作环境复杂。并随着社会的快速发展，人、车数量不断增多，也将会面临安防不足与管控压力沉重等诸多考验，产生了安防压力的不断增加，安防人力成本的快速上升。在安防防护工作方面，需要进行结构深度调整，采用自动化巡检来提高安保指数、降低人力成本。可以预计，未来的几年中，对于智慧安防的需求越来越大，布局推广安防机器人，节约成本，同时为群众提供更加优质的服务。

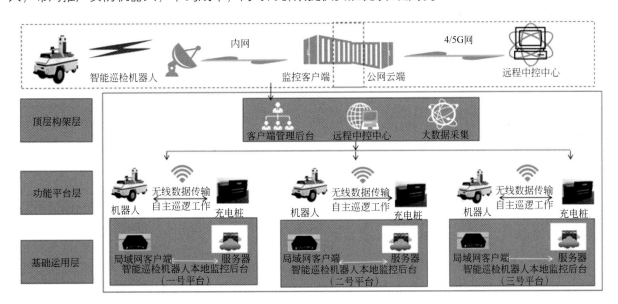

图8-3　安防机器人的系统架构图

2）系统特点

（1）智能性

自主巡逻、数据平台对接及回传、人脸识别、4路高清摄像头智能分析、火灾预警、环境异常分析、智能语音对讲、自动充电、安防联动报警、协助应急处理等。

（2）应用性

提高工作专注力问题，解决人工巡逻及环境监测分散、手段单一等问题；机器人每次巡检定时、定点、定角度的程序化作业也保证了巡检到位率和及时性，大大地提高了巡逻站岗的应用性。

（3）灵活性

相对于传统的固定视频监控系统，机器人可根据巡逻需要灵活移动至任意监测区域，进行人员识别和远程视频工作指导，真正实现场景全方位巡检。

（4）安全性

系统与监控系统、中控中心等系统之间进行对接，提供与内部监控系统、中控中心以及安防等子系统的接口，实现各系统间的联动，使其免受非法用户的侵入。

（5）平台性

可通过5G/专网无线通信方式，与站内各在线监测设备和传感器进行通信，为实时传输数据到相应管理平台，实现提供一种简单、灵活的技术手段和平台。

（6）一体性

机器人基于一身智能检测设备，实现机场视频、红外、声音采集与监测，实现了检测手段和工具的集成化和多样化，提供强有力保障。

3）系统功能

（1）24h自主巡逻与站岗

① 实时定位：能针对场景环境实现实时定位，获取信息反馈。

② 自主规划线路：根据场景内部进行自主构建巡逻路线，自主优化导航。

③ 智能避障：机器人能够在大场景行走的过程中对周边范围内障碍物进行智能识别并自主避让。

④ 行走范围：百万 m^2。

⑤ 多种控制：自动巡检、支持PC/人工手动控制。

（2）系统平台对接

与系统平台及视频管理中心对接，实时反馈高清视频、人脸设备、环境信息、异常情况等各项数据到相应平台进行调度。

视频监控、机器人状态及位置反馈、现场环境信息、预警系统及紧急情况下的人工介入。

通过深度学习算法，分析实时监控视频，对陌生人及异常状况进行监测预警。

开放的SDK接口，无缝接入现有安防管理系统，打造动静结合的立体化智慧安防。

（3）人脸检测

安防机器人对重点监测领域、巡逻路径等区域进行实时结构化和历史结构化的人员比对，通过人的脸部特征提取，自动对人员进行判别。

可分红白黑三级名单进行管控，通过高效的比对碰撞，对信息进行动态刷新、重组、分层分级。

主要为解决帮助内部安全人员管理，保护用户战略财产与人身安全，发现可疑人员与违法行为立即进行警报。

（4）四路高清视频监控

安防机器人配备前后左右四路监控摄像头，同时四路360°无死角监控，同时进行视频回传至系统平台及视频中心。

①智能监控：支持视频实时监控回传。在后台管理系统（平板/手机，PC）能实时查阅任意机器人监控视频；并支持多人同时访问同一机器人视频。

②存储：机器人视频监控存储及回放，实时可观看现场情况。

③360°摄像头：360°无死角监控，巡逻路段全面监控。

具备抵近侦查能力，构建动静结合的现有部署安保系统，实现监控无死角，全方位、多参数智能监控。

（5）高温预警

大型公共区域存在众多不安全因素，安防机器人可以解决在如此复杂环境中发现可能造成火灾因素的安全问题。通过将自动控制、人工智能等的综合运用，可以实现了自动巡检时发现可能造成火灾的不稳定因素，在没有生成火灾之前，通过后台报警功能立即通知人员处理，可起到火灾预警功效，防止火灾的进一步扩大，将火灾损失降低到最低，它的应用将大大提高扑灭火灾的能力，对减少人员的伤亡和财产损失具有重要的作用。

（6）远程语音警告及对讲

机器人配备机器人端与中控中心端进行联动，可通过机器人进行远程现场指挥处理、可疑嫌疑人问讯、广播警告等语音功能。及时、清晰、有效地第一时间发现问题，现场人员及中控人员迅速处置不稳定因素，将事态化为控制阶段。

（7）自动充电

安防机器人配备一台专用充电桩，巡逻工作中自动检测机器人电量，当机器人低电量时，自动开启充电模式至充电桩自动充电。机器人正常工作时间为8～12h，充电时间为4h，机器人与机器人之间轮流交替岗位职能。

（8）环境异常分析

安防机器人环境数据监测可实时反馈监测周边范围的日常气象变化，定时在巡检过程中进行实时监测，将现场环境核辐射、有毒气体、空气质量、温湿度等气象数据收集、统计与分析，保障所在场景的正常稳定运行。

4）平台的搭建和联动

在总控室部署机器人系统，采用"机器人巡逻+中控室+固定摄像头"的方式成为发展的大趋势：采用"4+1/3+2管理模式"，机器人代替部分工作人员，执行长时性巡逻任务以及初步的现场告警。最大优势在于可以解决专业巡检人员紧张以及管理成本；随着巡检的增加，可以实现无死角的监控，可以补充固定摄像头不足，实现多元化管控。机器人上安装各种先进的传感器，用于自动探测各种异常情况，实时获取异常情况的信息。平台搭建示意如图8-4所示。安防联动报警、协助应急处理示意如图8-5所示。

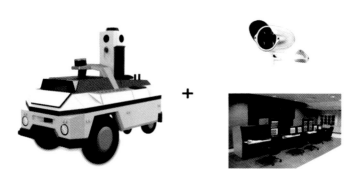

图8-4 平台搭建示意图

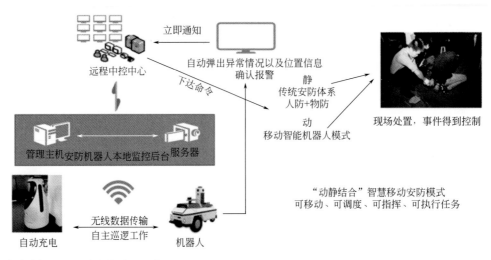

图 8-5 安防联动报警、协助应急处理示意图

2. 无人机智能巡检系统

1）系统简介

近年来，随着无人机数量和应用的爆炸式增长，无人机"黑飞""乱飞"问题日趋凸显，频频发生无人机扰航、非法偷拍、甚至恐怖袭击等安全事件，给人们的生产活动及社会公共安全造成了越来越严重的困扰。由于无人机"低""慢""小"（低空、慢速、小目标）等特点，城市复杂环境下的无人机管控难度非常大，其中核心技术难点在于对无人机的有效预警、识别、定位及跟踪。传统手段如雷达、光电和无线电测向都难以应对尝试复杂的环境，也很难实现大规模组网、大区域无缝覆盖。

本次系统的建立，主要针对建筑周边常态性的无人机检测系统，区分为侦测与干扰两种类型的天线组合而成，通过侦测天线收集周边设定范围内的无人机信息，并进行鉴别，特定时间及范围内，可根据实际需求，阻止无人机抵近区域范围内。

2）实施方法

（1）通过侦测天线，侦测有效距离内空域的无人机。

（2）通过侦测天线，结合后台服务器，记录相关无人机数据，并进行识别（通过识别码，辨明无人机型号等）。

（3）通过后台服务器，记录无人机进入有效距离内空域的时间（进入、停留、离开）。

（4）通过干扰天线，在特定角度内形成电子干扰频段，在设定的使时间、范围内建立电子干扰系统，阻止无人机接近。

反无人机方法示意图如图8-6所示。

3）系统设计

前端：设计无人机探测系统、光电锁定跟踪打击系统。

传输：前端通过铜缆传输，主干通过光缆传输。

管理端：包括了交换机、服务器、软件。

反无人机设备图如图8-7所示。

3. 车底扫描监测系统

1）概述

车底扫描系统是自动检测车辆并对车辆底盘进行图像采集、显示、拼接、抓拍汇总、比对报警、自动环控为一体的系统。该系统在车辆经过出入口时，通过车底盘线阵扫描成像系统对当前车辆进行底盘图像信息采集；在车辆通过后，将车底盘图片传输到主控台，并在系统软件管理平台界面显示，方便检查人员进行底盘异物识别。同时通过视频分析自动提前车辆信息，然后将车辆车牌信息和车辆车底盘图片自动匹配存档。能够有效防止车底盘藏匿炸弹、武器、危险品。

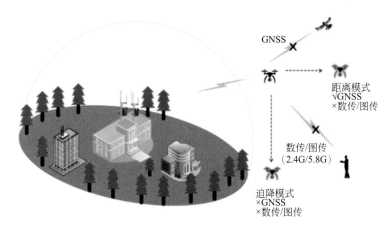

图 8-6　反无人机方法示意图

图 8-7　反无人机设备图

2）系统结构

车底盘智能检测系统由前端设备和后端平台两部分组成，前端设备进行数据采集和设备硬件控制，后端平台管理软件进行数据管理和应用。车底盘智能监测系统组成如图8-8所示。

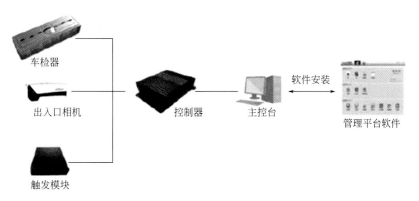

图 8-8　车底盘智能监测系统

4. 反恐升降柱系统

1）总体要求

反恐升降柱车系统应采用成熟、先进、可靠、安全的技术，同时考虑到功能需求的变化和应用技术的快速发展，要求整个系统具有可提升性和可扩展性，以此确保技术先进、实用可靠、经济合理。

产品采用液压一体式驱动设计，产品主结构部分冲撞能力需获得按照《防暴升降式阻车路障》GA/T 1343—2016中B_1或更高的测试标准，依然完好工作。

2）布点要求

主要设置在车流出入口区域，通过升降柱的控制，达到控制车流反恐冲撞的目的。

8.3.4 停车库（场）管理系统

1. 设计要求

高清车牌识别作为车库建设前沿设备，对进出车辆进行了统一高效的管理，出入口管理、数据采集、数据存储，并带动车库管理后续的系统，提供数据支持，如收费、引导等。

视频车位引导系统是在地下停车库，利用高清车位检测智能一体机，为司机提供精确、快速停车诱导；同时设备及时抓拍停车车辆的车牌号码发送给智能停车场管理系统，便于司机根据车牌号码，在出场时利用反向寻车终端进行智能寻车。本系统集视频捕捉、车牌识别、空位指示、反向定位为一体，通过一套系统，即可实现车位引导和取车查询的双重功能。

系统结构简单合理，性价比高，可随时增减设备，满足客户实际需求。软件功能强大，经扩展后可实现无人值守，并可以根据客户需求增加功能或修改。系统中的所有设备符合中国或国际有关的安全标准，可实时监控和与其他系统联动功能，并充分保证使用环境的安全性。

2. 功能要求

在出入口安装车牌识别一体机，它自动识别车牌图像信息。并将此车牌较为详细的信息显示在岗亭中的显示器上。然后前端管理主机将相关信息通过网络发至服务器的管理系统。由中心管理系统将相关内容及数据进行归档处理，并存入数据库建立查询系统及供出口时对比使用。在中心控制室，设置一台管理员使用的PC机，可用于管理和查询。

（1）对于出入停车场的车辆，自动识别该车的号牌并记录相关信息。

（2）自动道闸具有防砸车功能，当车辆处于道闸下方时，系统能自动检测到车辆，道闸将不会落下，可确保车辆安全。

（3）出入停车场迅速准确，司机无需做任何操作，在进出停车场的出入口时，系统自动完成该车的识别、审核、记录等工作，无需工作人员和司机的操作配合。如果允许车辆通过，道闸自动打开，车辆进出完毕闸杆自动落下。整个过程人性化、自动化，方便快捷，无需停车。

（4）本系统可以完全省去IC卡或射频卡，实行无卡管理系统，对系统的性能不会产生影响。基于每一辆车的唯一车牌，集成数字图像采集、数字图像处理、车辆号牌自动识别等技术，真正实现了高度智能化，所有工作全部由计算机自动完成，具有安全、方便、快捷、可靠等特点。

（5）固定用户（场内登记）车辆——固定用户车辆触发识别区域的地感，地感抓拍图像后抬杆放行。固定用户可分周、月、年进行缴费，缴费后在识别验证后道闸抬杆，出入自由。

（6）临时用户可根据管理人员设置"自动进入"或"手动确认进入"。自动放行是指临时用户车辆触发识别区域的地感一体机抓拍车牌后进行身份核对、存储入场信息，道闸自动抬杆放行。手动放行是指临时用户车辆触发识别区域的地感一体机抓拍车牌后进行身份核对、存储入场信息，软件界面上会跳出"确认放行"字样。待保安确认人员来访目的后点击"确认放行"按钮后，道闸才自动打开。

（7）系统容量大——系统数据采用了数据压缩技术，系统可连续存储至少200万条记录；并采用了循环覆盖技术，当硬盘空间不足时自动对最早数据进行覆盖，可确保系统的连续可靠运行。

（8）系统功能全面——软件功能强大，界面友好，易于操作，可根据不同人员设置不同的权限、不同的管理等级。

（9）强大完善的报表统计分析——能生成停车场的日、周、月、季、年等报表，还具有任何车辆的查询统计以及停车场的车位利用率分析等功能，并提供了多种功能的数据检索功能。

（10）所有出入停车场的车辆信息都保存在数据库中，可定时、不定时将数据导出，可对数据作分析处理，可对停车场进行车位利用率分析、效益分析、车位管理辅助决策、车辆停车防盗报警等后期数据分析、处理，具有强大的数据挖掘潜力。

8.3.5 案例分析

以世界会客厅为例，停车场管理系统图如图8-9所示。

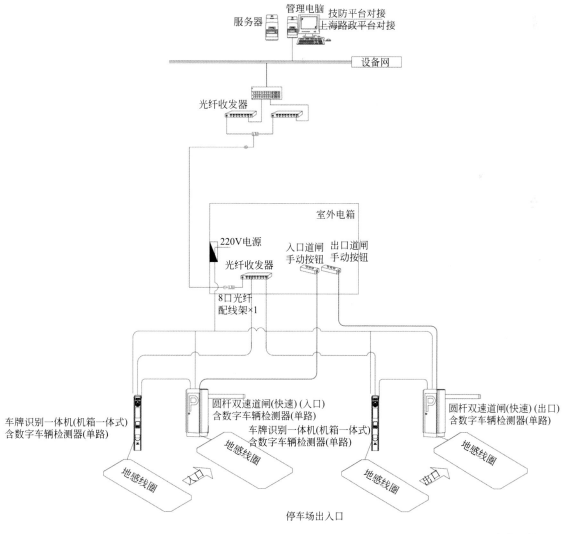

图 8-9 停车场管理系统图

反向寻车系统图如图8-10所示。

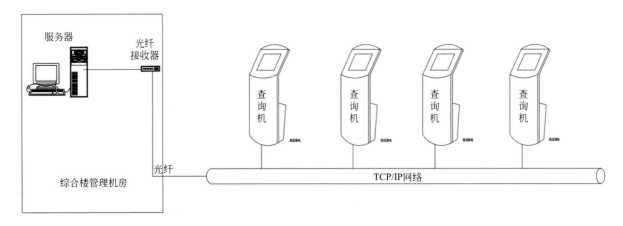

图 8-10 反向寻车系统

自助缴费系统图如图8-11所示。

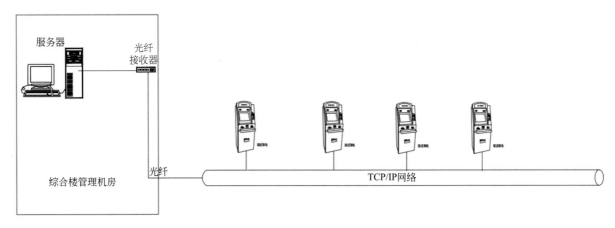

图 8-11 自助缴费系统

8.4 智慧会议系统

8.4.1 系统概述

　　会展中心会议厅一般分为主会场、贵宾厅、圆桌会议厅、多功能厅、中小会议厅、中宴会厅、大宴会厅、序厅、新闻中心及各功能区的后勤辅助设施区等组成，主要以满足业主各种业务会议使用需求，要求实现多媒体会议系统智能化管理为目的建设思想。保证系统建设遵守高可靠性、高安全性、先进性、实用性、可持续发展性、易管理维护性、开放性和舒适性等原则目标。系统设计需要克服传统会议系统各种弊端，充分利用网络技术、数字技术的优势，实现各种智能系统之间的数据互联互通、共享以及功能联动、可视化管理的智能化多媒体会议系统。

8.4.2 系统组成

系统组成如表8-4所示。

系统组成	表 8-4
会议室名称	主要的系统组成
主会场	扩声系统
	数字会议发言及同声传译系统
	音频处理及数字调音系统
	LED 大屏显示系统
	视频摄像、录播及视频传输系统
	视频会议系统
	舞台灯光及舞台机械吊杆系统
	环境照明控制系统
	集中控制系统
	媒体转播接口预留系统
大宴会厅	扩声系统
	数字会议发言及同声传译系统
	音频处理及数字调音系统
	LED 大屏显示系统
	视频摄像、录播及视频传输系统
	视频会议系统
	舞台灯光及舞台机械吊杆系统
	环境照明控制系统
	集中控制系统
	媒体转播接口预留系统
多功能厅	扩声系统
	数字会议发言及同声传译系统
	音频处理及数字调音系统
	LED 大屏显示系统
	视频摄像、录播及视频传输系统
	视频会议系统
	舞台灯光及舞台机械吊杆系统
	环境照明控制系统
	集中控制系统
	媒体转播接口预留系统

会议室名称	主要的系统组成
中宴会厅	扩声系统
	音频处理及数字调音系统
	LED 大屏显示系统
	视频摄像、录播及视频传输系统
	环境照明控制系统
	集中控制系统
中小会议室	扩声系统
	数字会议发言系统
	视频显示系统
	集中控制系统
	视频会议系统
圆桌会议厅	扩声系统
	无纸化数字会议系统及同声传译系统
	音频处理及数字调音系统
	LED 大屏显示系统
	视频摄像、录播及视频传输系统
	视频会议系统
	舞台灯光及舞台机械吊杆系统
	环境照明控制系统
	集中控制系统
	媒体转播接口预留系统
公用系统	信息发布系统
	背景音乐系统
	信号交互系统

8.4.3　功能需求

1. 主会场

（1）满足召开大型国际性的论坛会议，做到语音清晰，所有人都能听清听懂会议扩声内容。

（2）主扩声采用线列形式，能均匀覆盖整个会大厅席位，建采用具备自适应计算功能的线列扬声器，并配备辅助扩声及配套流动扩声设备。

（3）为主席台区域提供专业的舞台会议灯光系统。

（4）为与会人员提供舒适的会议灯光氛围。

（5）提供1+7的翻译语种。

（6）配置多套高清摄机用于视频会议、摄像及录播等。

（7）主会场的音视频信号送至各个听会室及各类会议室，供各国高官/领导随从/新闻媒体人员在各个听会室内参与会议，实时了解会场动态。

（8）提供实况转播功能，不限于有权限的电台/电视台/网络平台等媒体。

（9）提供LED主辅屏显示功能。

（10）核心系统设备要双主双备（双音、视频系统热备）。

（11）配备有专用控制机房及专业设备机柜和操作台，与系统会场互联互通。

（12）提供各系统集中控制功能。

2. 大宴会厅

（1）满足大型宴会和合影时的背景音乐播放需求。

（2）主扩声采用线列形式，并配备吸顶扬声器覆盖全场。

（3）满足重要宴会时不同语种贵宾之间的沟通交流需求。

（4）系统需具备同主会场召开相同规模的大型论坛的会议功能或作为参会分会场使用。

（5）并兼顾文艺型文艺演出。

（6）作为听会室之一，能接收来自主会场的音视频信号。

（7）提供1+7的翻译语种。

（8）配置多套高清摄机用于视频会议、摄像及录播等。

（9）为合影区域提供适合照相摄影的用光需求。

（10）提供用餐宾客舒适的灯光环境氛围。

（11）各专业系统既能作为一个整体使用，也可按照空间隔断做相应的各自分合。

（12）提供合影和宴会时的实况转播功能，不限于有权限的电台/电视台/网络平台等媒体。

（13）提供LED显示功能。

（14）提供各系统集中控制功能。

3. 多功能厅

（1）提供会议扩声系统，并兼顾小型文艺演出。

（2）提供1+7的翻译语种。

（3）配置多套高清摄机用于视频会议、摄像及录播等。

（4）作为听会室之一，能接收来自主会场的音视频信号。

（5）提供舞台灯光照明。

（6）提供LED屏显示功能。

（7）提供各系统集中控制功能。

4. 中宴会厅

（1）满足宴会和合影时的背景音乐播放需求。

（2）满足重要宴会时不同语种贵宾之间的沟通交流需求。

（3）兼顾文艺型文艺演出。

（4）提供舞台灯光照明。

（5）配置多套高清摄机用于视频会议、摄像及录播等。

（6）提供各系统集中控制功能。

（7）提供用餐宾客舒适的灯光环境氛围。

5. 中小会议室

（1）满足会议报告的扩声需求。

（2）兼顾有演讲台的报告席、回字形+报告席等多种座位席布局。

（3）作为听会室之一，能接收来自主会场的音视频信号。

（4）配置高清摄机用于视频会议、摄像及录播等。

（5）提供激光投影的画面显示功能。

6. 圆桌会议室

（1）满足召开大型国际性的论坛会议，做到语音清晰，所有人都能听清听懂会议扩声内容。

（2）主扩声采用线列形式，能均匀覆盖整个会大厅席位，建采用具备自适应计算功能的线列扬声器，并配备辅助扩声及配套流动扩声设备。

（3）为主席台区域提供专业的舞台会议灯光系统。

（4）为与会人员提供舒适的会议灯光氛围。

（5）提供1+7的翻译语种。

（6）配置多套高清摄机用于视频会议、摄像及录播等。

（7）主会场的音视频信号送至各个听会室及各类会议室，供各国高官/领导随从/新闻媒体人员在各个听会室内参与会议，实时了解会场动态。

（8）提供实况转播功能，不限于有权限的电台/电视台/网络平台等媒体。

（9）提供LED主辅屏显示功能。

（10）核心系统设备要双主双备（双音、视频系统热备）。

（11）配备有专用控制机房及专业设备机柜和操作台，与系统主会场互联互通。

（12）提供各系统集中控制功能。

8.4.4 主要系统功能

1. 扩声系统

1）系统功能

（1）为会议提供清晰的语音扩声。

（2）主会场的音频信号传送至大宴会厅、多功能厅、中会议室。

（3）主会场、圆桌会议厅、大宴会厅，可将信号送至媒体区和电视转播区域。

（4）与视频系统的摄像机组合工作，支持会议的实况存录。

2）声学设计指标

除中小会议室以及圆桌会议厅按照《厅堂扩声系统设计规范》GB 50371—2006的"会议类一级标准"的技术指标外，其余大型厅堂均按照优于会议标准的"多用途类一级标准"设计。具体如表8-5所示。

声学设计指标		表8-5
技术指标	多用途类扩声一级标准	会议类扩声一级标准
最大声压级（dB）	额定通带内：大于或等于103dB	额定通带内：大于或等于98dB
传声增益（dB）	125～6300Hz的平均值大于或等于−8dB	125～4000Hz的平均值大于或等于−10dB
稳态声场不均匀度（dB）	1000Hz时小于或等于6dB；4000Hz时小于或等于+8dB	1000Hz、4000Hz时小于或等于+8dB

技术指标	多用途类扩声一级标准	会议类扩声一级标准
早后期声能比（可选项）（dB）	500～2000Hz 内 1/1 倍频带分析的平均值大于或等于 +3dB	500～2000Hz 内 1/1 倍频带分析的平均值大于或等于 +3dB
系统总噪声级	NR-20	NR-20

上述预设的客观声学设计指标，既确保会议功能的声学指标需求，又能为小型文艺演出提供理想的声音还原效果。

3）系统架构

系统架构设计着重考虑安全可靠性。

（1）主会场、多功能厅、圆桌会议厅：按照2+1的三模冗余结构设计。2模结构的设备固定配置，构成的主备冗余系统支持故障时的无缝切换。余下1套备份结构的管道线路预留，兼容有源和无源扬声器系统的接入，兼容主流数字或模拟调音台的接入。

（2）大宴会厅、宴会厅：考虑其空间使用的灵活性，采用1主系统加预留第三方流动设备接口、线路的接入的架构。并预留有与主会场及其他主会议厅的信号交互线路。

（3）中小会议室。

（4）着重考虑操作便捷性，可兼容集中管理控制；在使用上，通过网络光纤线路，可接收主会场的会议信号。

2. 会议灯光系统

1）系统功能

（1）满足会议照明需求。

（2）满足电视台摄影、摄像对于色温、显色性的用光需求。

2）设计指标

（1）照度：主席台主要区域最大白光照度不小于1000lx。

（2）显色指数：$Ra > 90$。

（3）色温：暖光3200～4000K ± 150K，纯白色温为5600K，追光灯6000K。

（4）直放回路：60回路，4kW/回路。

（5）调光台可控光路不小于2000个光路。

（6）提供尽可能多的投光位置，每个演出位置至少有四个方向的投光角度，有光的立体感。防止眩光、反射光及无用的光斑。

（7）灯光控制系统以保证绝对安全、可靠的会议、演出活动为最根本要求。强调"多重保障的演出控制"与"现场演出安全监控与预警系统"的重要作用和维修方便。

（8）采用成熟技术，成熟产品、最新工艺。

（9）灯光系统设备的选用必须考虑整体投资的经济性，所选的灯光设备必须在符合使用要求的前提下，具有最大的性能价格比。所选灯光系统控制设备必须同时兼顾到国内、外演出团体和灯光师使用习惯；系统能兼容和接入所有厂家和不同通信协议的各种灯光控制设备。按照"留有余量"的原则，设计配备所有灯光设备和网络设备，使灯光系统为未来技术发展，提供可持续升级和扩展的设备系统平台。在灯具配置上要求合理，本着性能先进、节能、寿命长、价格适中，满足会议功能和文艺演出的需求为原则。在灯具的选择上要求充分考虑文艺演出和会议功能，并且该灯具既可作为会议照明使用，也可作为演出使用。

（10）系统具有完备的电磁兼容特性设计，确保灯光系统与音、视频系统设备同时使用互不干扰。

3）系统架构

系统构建的是一套国际通用的DMX512传输控制网络以及基于标准TCP/IP为基础的ART-NET协议的传输网络，如图8-12所示。

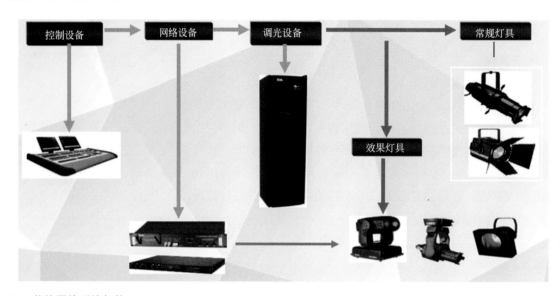

图8-12 传输网络系统架构

（1）大剧场或礼堂

配置综合控制台2台，演出时控制调光器等舞台灯光相关设备，并进行冗余备份。控制台具有DMX512、以太网接口，完全兼容ACN（Advanced Control Network）格式或ARTNET格式。

（2）多功能厅

配置综合控制台1台，演出时控制调光器等舞台灯光相关设备。控制台具有DMX512、以太网接口，完全兼容ACN格式或ARTNET格式。

（3）调光立柜

调光柜具有电压自适应功能，能根据输入电压的状况，自动调节输出最大值，以保护灯泡免受高电压之冲击，位于硅室。调光柜的工作状态反馈到灯光控制室或台式电脑（可以接在任何一个以太网接口上），调光柜本身也可以显示反馈信息，灯光师可以根据反馈的信息及时做出故障的判断。具有双处理器，DMX-512接口、RJ-45接口；支持DMX512协议、网络协议和标准TCP/IP协议。

（4）网络传输系统

灯光传输网络要考虑到既能满足当前的使用要求，也要为今后的使用，特别是今后系统扩展和设备扩展所考虑，网络信号分布点的合理安排不仅对演出的方便性及可操作性有很大的影响，对日常的维护意义更大。

（5）交换机

支持网络所要求的所有协议；支持POE供电；支持网络所要求的带宽和端口数；各个端口包括千兆位端口的线速、无阻塞性能。

3. 视频监控、录像及传输系统

1）系统功能

（1）会议实况的高清摄录和存储。

（2）将摄录的现场信号送至同声翻译间。

（3）将摄录的现场信号送至各个分会场（多功能厅、大宴会厅、中会议室）。

（4）满足电视转播车同步锁相信号的接入。

（5）为媒体区提供现场实况的视频信号。

（6）音响灯光控制室的现场监控。

2）技术指标

（1）摄录的视频信号分辨率为4K，光学变焦不小于30倍。

（2）支持4K视频信号的传输架构。

（3）送入同声传译间及各个分会场的视频信号切换时无抖动。

（4）满足电视转播车同步锁相信号的接入后传输的音视频同步。

3）系统架构

主会场为例，视频监控、录像与传输系统采用高清光纤矩阵进行信号的传输，系统按照主备结构设计，主传输采用光纤矩阵，备用传输采用分布式网络节点。并通过矩阵提供电视转播车回传信号的接受，主会场与其他会议室之间音视频信号采用分布式交互的功能。

4. 会议发言系统

以下以主会场以及圆桌会议厅为例。

1）主会场建议配置了以下种类发言话筒：

（1）手拉手数字发言话筒。

（2）5G数字话筒。

（3）有线鹅颈话筒。

（4）无线话筒。

（5）演讲席专用话筒。

2）圆桌会议厅建议配置了以下种类发言话筒：

（1）智能无纸化会议发言，会议效率、直观性大大提高。

（2）预留模拟会议话筒接口，作为备份，并根据席位配置若干模拟线路的鹅颈话筒，提高安全可靠性。

（3）配置桌面式无线5G话筒，给予外圈次席参会席的会议发言。

5. 红外同传系统

1）翻译系统规模

（1）翻译预种：暂按7种语言设计，每种语言设置双工位。

（2）无线红外收听设备：暂按1000套固定配置。若使用数量需增加的，可通过搭建租赁和再行采购这两种方式实现。

（3）译员间：本方案暂按使用固定译员间设计。另外在主会场内预留了现场译员机和监视器需使用的管道线路。若有需要的，则可增加或租赁流动译员间。

2）系统架构

系统主机按照主备结构设计，具体如图8-13所示。

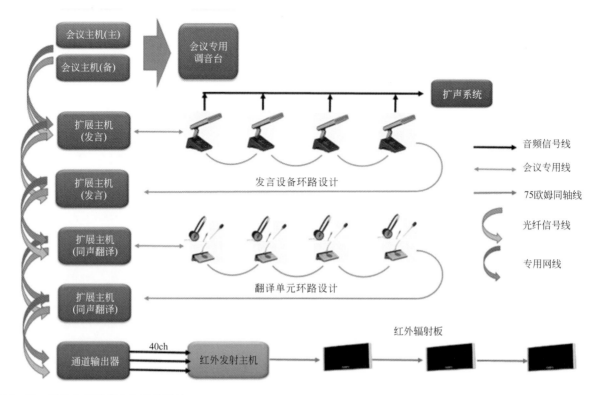

图 8-13　系统主机按照主备结构设计

6. LED大屏显示系统

1）系统功能

（1）满足主会场、圆桌会议厅、多功能厅视频画面显示。

（2）满足实时摄像、转播视频信号的大屏显示。

2）系统结构

主会场、多功能厅舞台左右两侧共设计2套LED大屏，圆桌会议厅为1套主屏，通过各自音响控制机房对2套大屏控制器进行控制，另在现场调音调光位预留直通至舞台后部接口箱的高清信号接口，满足当大屏控制室布置于现场调音调光位时的使用功能，中小会议室配置激光投影机及电子白板作为主辅显示，具体如图8-14所示。

图 8-14　系统结构

8.4.5 案例分析

以世界会客厅中的国际峰会厅为例,国际峰会厅会议平面图如图8-15所示。

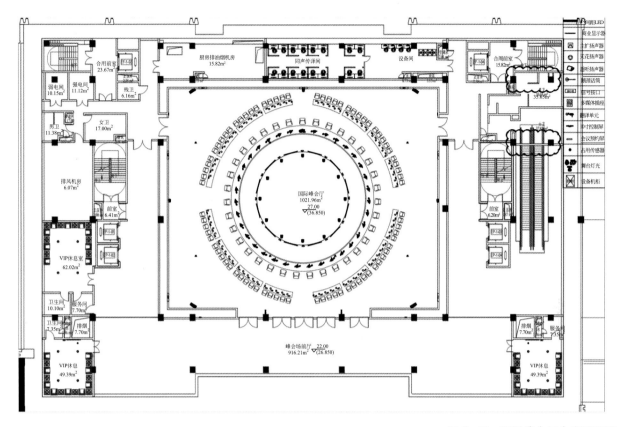

图 8-15 国际峰会厅会议平面图

国际峰会厅的视频系统图、音频系统图及控制系统图如图8-16所示。

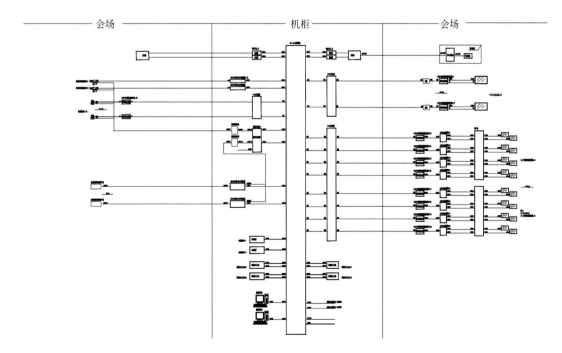

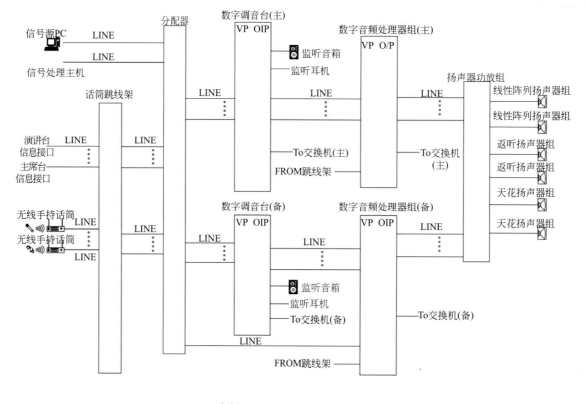

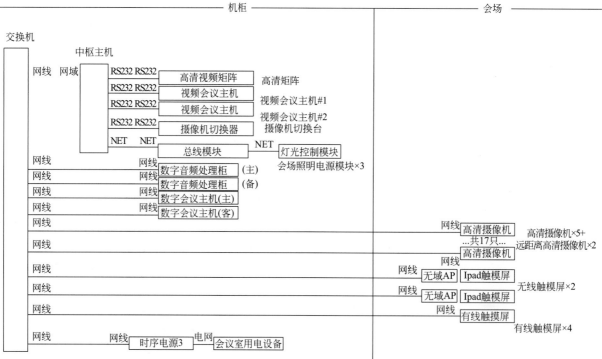

图 8-16 视频系统图、音频系统图及控制系统

第9章　国家级会议会展中心

9.1　供电保障负荷

国家会议中心通常举办的都是具有一定的政治、经济以及社会影响力的会议，一旦在举办重大会议期间，发生中断供电，将会在国内或国际上造成重大政治影响以及给国家造成重大的经济损失，甚至会给社会公共秩序造成严重的混乱。故供电系统的保障在这类项目中尤为重要，是重大会议举办是否成功的重要决定因数。

国家会议中心核心功能区域内凡涉及灯光、会议系统（电声、视频转播、大屏等）安保均为一级负荷中的特别重要负荷，且不允许中断供电，核心区域内的空调电源考虑可中断一定的时间，故按照一级负荷考虑，其他区域的供电负荷等级按参照国家相关规范执行。

9.2　市政电源

供电电源应依据其对供电可靠性的需求、负荷特性、设备用电特性、用电容量、对供电安全的要求、供电距离、当地供电电网现状通过技术、经济比较后确定。

国家会议中心的市政供电电源采用双电源供电，其中一路电源发生故障时，仍有一路电源能对特别重要负荷以及保安负荷供电。供电电源的切换时间和切换方式应满足重要负荷允许断电时间的要求。切换时间不能满足特别重要负荷允许断电时间要求的，供电系统中应采取相关技术措施予以解决。

9.3　UPS设置

由于核心功能区域的光、会议系统（电声、视频转播、大屏等）安保均为一级负荷中的特别重要负荷，且不允许中断供电，故在上述供电系统中增加UPS不间断电源，确保市电故障需要对上级电源进行切换操作期间，末端用电设备发生停电事故，从而保障会议的正常进行。

关于UPS的设置容量根据需要保障的负荷容量进行确定，后备时间则需要电源中断切换的时间以及供电保障部门的意见综合考虑后确定。

9.4　临时柴油发电机

由于举办的是重大会议，可能会有国家或国际上的重要领导人出席，出于安保的需要，通常场地内不允许出现柴油发电机，建议场地外远离核心区设置临时柴油发电机，核心区内供电系统配置应急电源接口，方便临时柴发的接入。临时柴发机至核心区内的应急电源接口应根据路由条件选择应急母线槽或者多拼电缆敷设到位，提升用户的应急能力。

临时发电车的容量应能满足全部重要负荷的正常启动和带载运行的要求，并配置相应容量的油量。

临时发电机与市电电源共同组成国家会议中心的供电电源，在项目正式投入运行前，应进行必要的安全检查、预防性试验，启机实验和切换逻辑试验。甚至应进行极端情况下的孤岛模拟试验，即假设所有的市电电源中断，仅保留项目内的临时发电机可用，从而验证项目内的电源配置否能经受住考验。

9.5　重要场所灯光控制

重要场所的灯光主要采用调光控制，并能进行单灯控制。多色温灯具通过调光系统，做到自由控制2700～5700K的色温及明暗效果，将国家会议中心的庄重、大气的中国元素潜移默化地演绎呈现出来。

9.6　安防保障

为了迎接国内外贵宾及国家重要领导人，完善的治安防控体系必不可少。安全防范系统以由外及内、由点及面、全覆盖、全共享、全可控的原则，交织建设，形成"最安全、最有序、最干净"的会展区域，对展馆及周边治安防控、交通组织也起到了积极的协助作用。

安全防范系统分两部分建设，一部分为国家会展中心自建，由国展中心信息平台管理，一部分为上海公安筹建，由国展内公安分中心管理。在国展范围内，两部分实现互连。国展中心信息平台通过国展现场指挥所平台与市公安局数据中心相连，国展内公安分中心通过青浦公安分局平台与市公安局数据中心相连。

9.6.1　视频监控系统

视频监控系统覆盖了所有出入口、外环进出口、场馆内部、场馆之间的通道、三层环形通道、展馆中环、办公楼区域主要通道、广场、制高点、场馆内地铁出入口、人行天桥、地下通道等区域。对人员、车辆、物品进行主动防范，将可疑人、车、物阻挡在防线外，实现"整体布局网络化、局部区域闭合化、重点区域全摄入、重要部位全覆盖"。

系统前端摄像机采用600万像素固定红外摄像机、800万像素的智能固定摄像机、球型摄像机及人脸抓拍摄像机、180°AR全景摄像机及制高点监控摄像机组成。200万像素固定摄像机作应急摄像机使用。避免个别死角无法被现有摄像机覆盖以及人流量太大，许多区域被遮挡的情况。通过展馆内已有的LTE宽带系统，就近灵活架设（如展台附近，展台与站台的过道等），随时随地清晰地将监控现场视频上传至指挥中心。馆内区域还采用视频融合技术，成组布置摄像机，实现视频全覆盖、无监控盲区。AR摄像机主要从全局掌握整体情况，实现立体防控。可在实时的视频画面中添加标签及标签与标签之间进行联动，对于画面中的多个运动目标进行切换跟踪，通过联动让视频发挥更重要的作用。

200万像素摄像机同时输出以H.264编码的高清、标清图像，800万及以上像摄像机同时输出最大主码流、副码流、标清码流。卡口图片、场景图片及卡口数据、人脸图片分别按90天及1年存储于国家会展中心内的公安分中心。数据单独部署存储库，部分图片等数据以云存储方式存储。通过公安视频专网实现公安分局、辖区派出所和其他相关部门能够调用现场实时图像信息进行指挥和调度。

所有视频资源接入青浦公安分局视频专网监控平台，形成资源共享整合应用。利用三维视频融合平台的智能分析、三维、VR、融合、检索等技术实现安全态势感知和异常报警功能，提高指挥能效。保障人员通过公安视频专网，公安分局、辖区派出所和其他相关部门系统能够调用现场实时图像信息进行指挥和调度。为备份容灾考虑，与国展外存储中心也打通了链路。具体如图9-1所示。

图9-1 三维视频融合平台

9.6.2 人证比对系统

在展区所有出入口设置人证比对系统（图9-2），通过对通行人员的人脸进行人证比对识别，实现进出展区的人员出入口控制的管理功能。前端设备在做人证比对时，同时将人证比对信息上传给平台人脸库或公安网身份信息库，由人脸识别服务器的动态人像算法进行人脸特征数据提取，配合后端人像数据库，实现人脸黑名单布控，将危险人员隔离于展馆范围外。人证比对时间≤1s，准确率≥99%，误识率<0.1%，形成一道防范精度高的安全线。为了应对进口博览会开展时的大客流，提高通行效率，系统首次使用身份证人证比对通过后，后续可以直接通过人脸识别通过。

9.6.3 客流分析系统

国家会展中心已经部署了大量的固定监控摄像头，但开展期间，由于展馆内部需要搭建临时展台，对既有摄像图像造成遮挡。当发生意外时，对事故现场指挥及事后事故分析造成很大影响。人流量统计系统将会展中心各展馆主要的出入口处摄像机采集的本地现场视频，上传至本地平台人流量服务器，进行自动的人流量统计和分析，然后自动将数据输出至管理平台，为会展中心管理部门提供各相关区域准确的人流量统计数据。

图9-2　人证比对系统

实时监测统计进入的人流，获取每日/某时段进入的人流总量，结合相应的数据，计算各展馆可入人数；通过比对进入及离开通道的人数，准确计算任何时段指定区域内饱和量。实时监测主要通道和汇聚部位的人流流动方向，适时调整引导标志，比较合理分配人流流向。实现人流数据信息的图表化，直观明了，便于应用。实现人流数据信息的图表化，直观明了，便于应用。

系统由前端硬件单元、统计终端、后端分析决策软件三部分构成。通过客流分析，及早布控，对全馆总人数、单馆总人数、实时在馆人数、在馆人流密集情况、人流在指定区域内的驻留时间等情况提取分析，掌握馆内客流动向，挖掘人流特征（性别、年龄段、来源地等）。系统通过运营商的无线基站设备，获取联网数据量，计算分析后，以颜色由浅至深的色块叠加在国展地图上，每5min刷新一次，呈现实时的客流数据，方便国展现场指挥中心协调现场警力、指挥、决策。同时对接公安风险洞察系统，实现"风洞系统"业务功能的数据对接，通过数据处理，达到自动预警、提前防范风险苗头的功能。

9.6.4　室内人员定位系统

进口博览会期间，安保规格高，为了实时掌控现场警力部署，建设了一套容量为3000人的人员定位系统，定位精度3m，上报频率为3s。系统采用定位精度较高的脉冲无线定位技术，通过定位基站实时拾取警员携带的微标签（胸牌等）位置信息，实时了解警力部署、获取警力保障轨迹，形成电子围栏，执行告警任务。微标签上还具有紧急报警按钮，当发生突发情况时可触发报警事件，提示报警地点。

9.7　通信保障

9.7.1　公众通信保障

进口博览会高峰日流量达30万人次，与通信保障相关的移动网络建设工作十分必要。建设内容主要包括NB-IoT、2G、4G系统的覆盖完善、扩容、提速，以提高接通率、通话语音质量、上网速率等。满足展商、游客在展厅和公共等各功能区域内通过无线覆盖，访问展会信息、各展厅及各展位的各种展览信息、互联网内容的功能。覆盖范围涉及国展中心、展览业务主要办公场所、重要酒店、交通枢纽、地铁等。第二届进口博览会期间，还部署了5G资源，如图9-3所示。

图9-3　5G资源配置

根据会展业的特性及在进口博览会召开前的医药展网测数据，进口博览会在一定时段及区域会有极端大客流大话务量出现的可能，根据我国移动通信应急系统相关规范及各类应急过程中的经验，在图9-4所示区域使用了10辆移动通信应急车，提前制定应急响应方案，以便灵活应对场景变化。

9.7.2　展商通信保障

除在展厅展沟内预留铜缆及光缆的接入点外，为了快速响应展商业务需求和展商的个性化展示通信需求，提高展览业务竞争能力。在进博会期间，在展厅侧墙边还预留光缆分纤箱，满足点对点光纤专线类业务及点对多点光纤（基于PON技术）的宽带上网类业务需求。

9.7.3　特殊通信保障

为了保障国家领导人在进博会期间视察时的通信需求，在相关会议室还配备了红机电话。红机电话由专网局规划，专路由专网专线，通信联络的可靠性和畅通性高。移动通信应急车布置如图9-4所示。

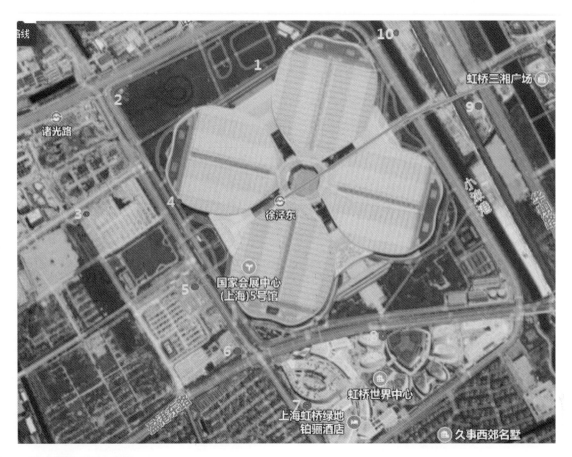

图 9-4　移动通信应急车布置

9.7.4　安保通信保障

　　进口博览会期间，公共移动通信网络负荷最高，在峰值情况下可能造成网络拥塞。为了保证安保人员的通信可靠性，还建设了TD-LTE宽带专网通信系统、350MHz TETRA无线对讲系统。系统覆盖所有展厅、通道、卸货区、中央环形商业、南北广场及"进口博览会现场指挥中心"所在区域。系统采用集中机房、远端分布的架构建设，核心网络、网管设备放至国展中心外和国展内公安分中心，基站处理单元及远端设备利用国展内现有机房、弱电间，提高资源利用率。TD-LTE系统考虑数据带宽需求，引入MIMO技术，分布系统采用双缆接入方式。专网带来的带宽保障，使通信系统的业务受限率大大降低。除进行点对点的语音呼叫业务外，执勤人员使用手持终端，可以将现场视频实时回传至调度中心。还可通过专网实现远端数据快速查询、现场采集信息便捷上报、工作电子流现场处理等业务。

第二篇 | 实践篇

1. 国家会展中心（上海）——中国国际进口博览会主会场

1.1 项目简介

  国家会展中心（上海）位于上海市西部，北至崧泽高架路南侧红线，南至盈港东路北侧红线，西至诸光路东侧红线，东至涞港路西侧红线，已运行的轨道交通2号线终点"徐径东站"位于基地中央，地铁17号线位于基地北侧。总建筑面积超150万m^2。集展览、会议、活动、商业、办公、酒店等多种业态为一体，是目前世界上最大的会展综合体。主体建筑以伸展柔美的四叶幸运草为造型，采用轴线对称设计理念，设计中体现了诸多中国元素，是上海市的标志性建筑之一。2020年荣获国家绿色建筑运行三星标识认证，达成设计、运行三星双认证，成为国内首家大型会展类三星级绿色建筑，同时也是国内体量最大的绿色建筑。综合体内还包括15万m^2的商业广场，多栋办公楼及一家五星级酒店。2017年，习近平同志宣布，中国将从2018年起举办中国国际进口博览会。2018年F3小展厅改造成国家会议中心，作为进口博览会的主会场，A1展厅二层改造成主会场的平行论坛。至今，本项目已成功举办了四次中国国际进口博览会，促进了中国与国际社会间的贸易往来，使国际经济进一步开放、交流、融合。

1.2 工程概况

  用地面积85.6公顷（1284亩），总建筑面积约150万m^2，其中地上建筑面积130万m^2，地下建筑面积20万m^2，地上共有12栋建筑：A1、B1、C1、D1为展厅，地上1~2层，建筑高度43m，属大空间区域；A0、B0、C0为办公楼，地上均为7层，建筑高度均为37m；D0为酒店，地上9层，建筑高度38m；E1、E2为配套商业用房，地上分别为7层、5层，建筑高度分别为43m、39.4m；F1展厅，地上1层，建筑高度24.8m；F2、F3展厅，地上1层，建筑高度16.5m（以标高 16.00m为建筑室外设计地面）。通过8m标高的会展大道连接各功能空间，该大道是整个建筑人流和疏散的枢纽。按照展厅高度来分，高度超过30m的展厅有一个，高度超过12m的展厅有14个。

  各区具体分布：

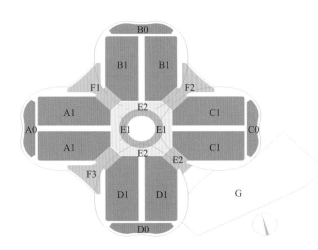

总平面图：

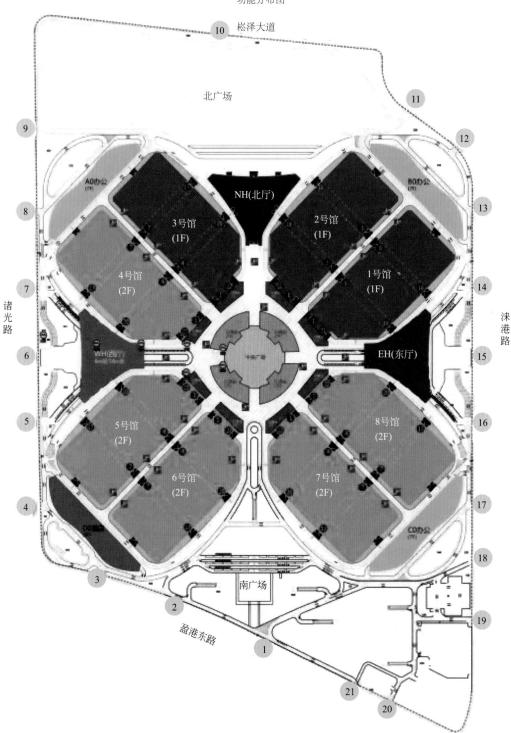

鸟瞰图：

A. 项目概况		
项目所在地		上海
建设单位		中国博览会有限责任公司
总建筑面积		150 万 m²
建筑功能（包含）		展厅、商业、办公、酒店
各分项面积及功能	展览	50 万 m²（室内）、10 万 m²（室外）；展厅
	商业	15 万 m²；商业
	办公	26.1m²；5A 级办公
	酒店	8.7 万 m²；五星级酒店
	会议中心	5.6 万 m²；大中小型会议室
建筑高度		43m
结构形式		结构体系基本上为钢筋混凝土结构（SKE）和钢结构（S）
酒店品牌（酒店如有）		洲际酒店
设计时间		2011 年 12 月
竣工时间		2014 年 9 月

B. 供配电系统

申请电源	2 路 110kV，2 路 10kV （其中 2 路 10kV 为进口博览会保障用电）
总装机容量（MVA）	110kV/10.5kV: 2×63MVA 10kV/0.4kV: 290.5MVA
变压器装机指标（VA/m²）	173
实际运行平均值（W/m²）	
供电局开关站设置	□有 ■无　　面积（m²）

C. 变电所设置

变电所位置	电压等级	变压器台数及容量	主要用途	单位面积指标（VA/m²）
A0 办公 B1 层 1# 变电所	10/0.4kV	2×2000kVA	A0 办公照明电力空调	114
A0 办公 B1 层 2# 变电所	10/0.4kV	2×2500kVA	A0 办公、A0A1 热交换机房	
A1a 展厅 8m 层 1～4# 变电所	10/0.4kV	8×2500kVA （每间变电所两台）	0m 层展厅照明电力空调以及展览用电	237
A1b 展厅 8m 层 1～4# 变电所	10/0.4kV	8×1600kVA （每间变电所两台）	0m 层展厅照明电力空调以及展览用电	
A1b 展厅 23m 层 5～8# 变电所	10/0.4kV	8×1600kVA （每间变电所两台）	16m 层展厅照明电力空调以及展览用电	
B0 办公 B1 层 1# 变电所	10/0.4kV	2×2000kVA	B0 办公照明电力空调	100
B0 办公 B1 层 2# 变电所	10/0.4kV	2×2000kVA	B0 办公照明电力空调以及 B0B1 热交换机房	100
B1a 展厅 8m 层 1～4# 变电所	10/0.4kV	8×2000kVA （每间变电所两台）	0m 层展厅照明电力空调以及展览用电	237
B1a 展厅 23m 层 5～8# 变电所	10/0.4kV	8×1600kVA （每间变电所两台）	16m 层展厅照明电力空调以及展览用电	
B1b 展厅 8m 层 1～4# 变电所	10/0.4kV	8×2000kVA （每间变电所两台）	0m 层展厅照明电力空调以及展览用电	237
B1b 展厅 23m 层 5～8# 变电所	10/0.4kV	8×1600kVA （每间变电所两台）	16m 层展厅照明电力空调以及展览用电	
C0 办公 B1 层 1# 变电所	10/0.4kV	2×2000kVA	C0 办公照明电力空调	114
C0 办公 B1 层 2# 变电所	10/0.4kV	2×2500kVA	C0 办公、C0C1 热交换机房	
C1a 展厅 8m 层 1～4# 变电所	10/0.4kV	8×1600kVA （每间变电所两台）	0m 层展厅照明电力空调以及展览用电	248
C1a 展厅 23m 层 5～8# 变电所	10/0.4kV	8×1600kVA （每间变电所两台）	16m 层展厅照明电力空调以及展览用电	
C1b 展厅 1～4# 变电所	10/0.4kV	8×1600kVA （每间变电所两台）	0m 层展厅照明电力空调以及展览用电	248
C1b 展厅 23m 层 5～8# 变电所	10/0.4kV	8×1600kVA （每间变电所两台）	16m 层展厅照明电力空调以及展览用电	

C. 变电所设置

D0 酒店 B1 层 1# 变电所	10/0.4kV	2×2000kVA	D0 酒店照明电力空调	114
D0 酒店 B1 层 2# 变电所	10/0.4kV	2×2500kVA	D0 酒店、D0D1 热交换机房	
D1a 展厅 8m 层 1～4# 变电所	10/0.4kV	8×1600kVA（每间变电所两台）	0m 层展厅照明电力空调以及展览用电	248
D1a 展厅 23m 层 5～8# 变电所	10/0.4kV	8×1600kVA（每间变电所两台）	16m 层展厅照明电力空调以及展览用电	
D1a 展厅 8m 层 1～4# 变电所	10/0.4kV	8×1600kVA（每间变电所两台）	0m 层展厅照明电力空调以及展览用电	248
D1a 展厅 23m 层 5～8# 变电所	10/0.4kV	8×1600kVA（每间变电所两台）	16m 层展厅照明电力空调以及展览用电	
E1 商业北 B1 层	10/0.4kV	4×2500kVA	E1 区域商业，展厅消防泵房	117
E2 商业北 B1 层	10/0.4kV	4×2500kVA	E2 区域商业展厅消防泵房	
F1 展厅 8m 层	10/0.4kV	2×1600kVA	展厅照明电力空调和展览用电	176
F2 展厅 23m 层	10/0.4kV	2×1600kVA	展厅照明电力空调和展览用电	102
F3 展厅 23m 层	10/0.4kV	2×1600kVA	国家会议中心照明电力空调和会议用电	99
G 区地下室 B1 层	10/0.4kV	2×1000kVA +2×800kVA	地下车库，展厅消防泵房	139
室外展场	10/0.4kV	11×1000kVA（箱式）	室外展场	110

D. 柴油发电机设置

设置位置	电压等级	机组台数和容量	主要用途	单位面积指标（W/m²）
D0 酒店 B1F 层	0.4kV	1×1600kW	酒店重要负荷和消防负荷	20
E1 商业 B1F 层	0.4kV	2×1500kW	商业重要负荷和消防负荷，展厅消防泵房	39
E2 商业 B1F 层	0.4kV	1×1500kW	商业重要负荷和消防负荷，展厅消防泵房	
G 区车库 B1F 层	0.4kV	1×500kW	车库消防负荷以及展厅消防泵房	4.7

E. 强电间设置

	楼层	面积（m²）	主要用途	备注
办公，酒店、车库	各层	6～10	照明电力空调	按防火分区设置，一个防火分区至少一个
展厅层	0m 层，16m 层	10～15	照明电力空调展览	一个展厅 4 间
辅楼	各层	6～10	照明电力空调	每层每个防火分区至少一间

F. 智能化机房和弱电间设置

	楼层	面积（m²）	主要用途	是否合用	备注
弱电进线间（西）	A1 一层	48			
弱电进线间（东）	E1 地下一层	18			
运营商机房 1	E1 地下一层	40			电信
运营商机房 2	E1 地下一层	37			联通

F. 智能化机房和弱电间设置					
运营商机房 3	E1 地下一层	37			移动
总安防监控中心	E1 首层	290		是	
商业安防分控室	E1 地下一层	200		是	
酒店安防分控室	D0 首层	138			
总通信网络机房	E1 地下一层	248			
商业通信网络机房	E1 地下一层	65			
酒店通信网络机房	D0 七层	34			
弱电间	1～6 层	20	展厅		每层 6 个弱电间
弱电间	B1～8 层	5	商业		每层 8 个弱电间
弱电间	B1～10 层	5~9	酒店		每层 3 个弱电间

注：是否合用是指消防控制室与安防监控中心或安防分控室的合用。

G. 智能化系统配置		
系统名称	系统配置	备注
综合布线系统	布线类型：水平 6 类 UTP； 布点原则：展厅：3 信息点 /8 个展位、20 光纤点 / 展厅； 展厅信息点：16549 只、光纤点：764 只	
通信系统	展厅：程控电话交换机 1500 门	
信息网络系统	系统架构：二层网络架构	
有线电视网络和卫星电视接收系统	系统型式：IPTV； 节目源：展厅、商业为东方有线； 酒店为有线 + 卫星电视 展厅电视终端：60 只	
信息导引及发布系统	系统型式：网络系统； 显示型式：液晶屏、LED 屏； 共计显示终端：384 只	
广播系统	系统型式：数字系统； 系统功能：展厅为业务广播、紧急广播商业、酒店为背景音乐、业务广播、紧急广播； 展厅扬声器：4945 只	
安全防范系统	入侵报警：双监探测器 372 只； 求助报警按钮 100 只	
	视频监控：720P/1080P 摄像机共计 2336 只	
	出入口控制：门禁读卡器 170 只	
	一卡通：集成门禁、考勤、停车等	
	电子巡查：离线式	
	周界报警：有	
无线对讲系统	分布式系统，8 台信道机，16 个频道	
酒店管理系统	网络型	
停车库管理系统	车库道闸一进一出 7 套，双进双出 4 套 反向寻车：无	
智能化集成系统	集成消防、安防、无线对讲、设备监控、能耗、信息发布等	

会展建筑电气及智慧设计关键技术研究与实践

供配电系统单线图：

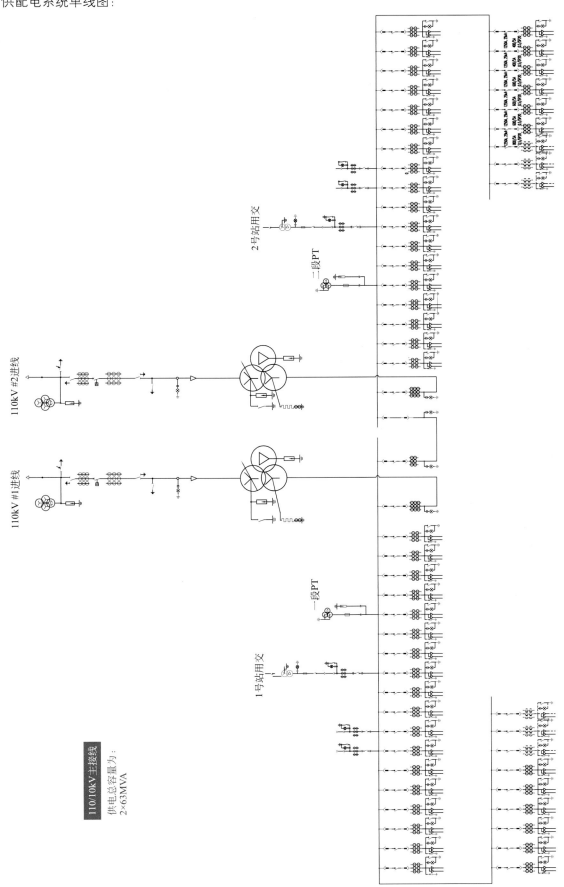

1. 国家会展中心（上海）——中国国际进口博览会主会场

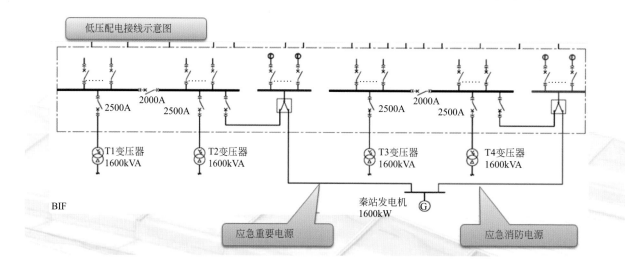

低压配电接线示意图

BIF

应急重要电源

秦站发电机
1600kW

应急消防电源

主要电气机房分布图:

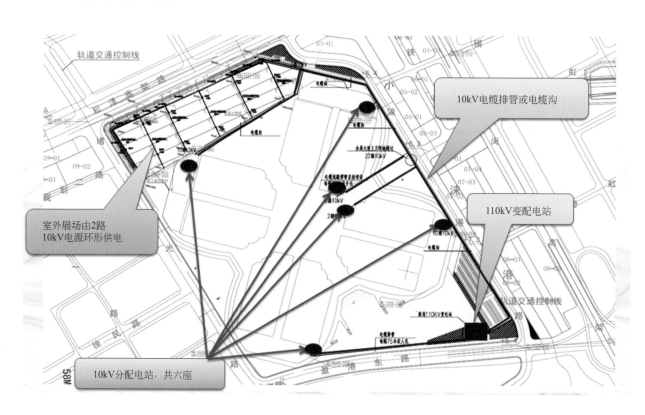

10kV电缆排管或电缆沟

室外展场由2路
10kV电源环形供电

110kV变配电站

10kV分配电站,共六座

会展建筑电气及智慧设计关键技术研究与实践

展览配电：

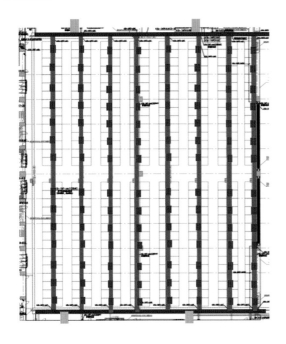

- ━━━ 主管沟，沿展厅长边设置
- ── 次管沟，按9m间距设置
- ■ 电气综合展位箱，按6m间距布置
- ▨ 落地展位箱，沿展厅长边36m间距布置

一层展厅主管沟：

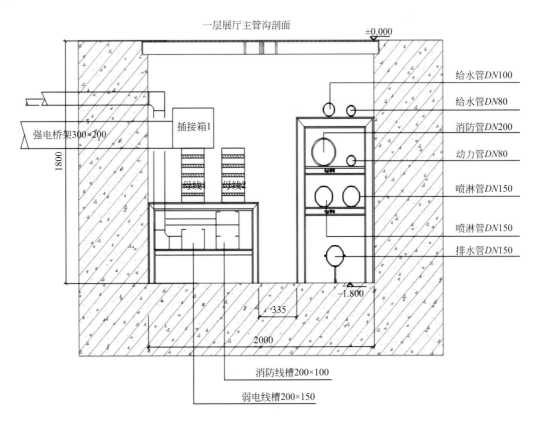

一层展厅主管沟剖面

±0.000

给水管DN100
给水管DN80
消防管DN200
动力管DN80
喷淋管DN150
喷淋管DN150
排水管DN150

强电桥架300×200
插接箱1
1800
母线1 母线2
335
−1.800
2000
消防线槽200×100
弱电线槽200×150

一层展厅次管沟:

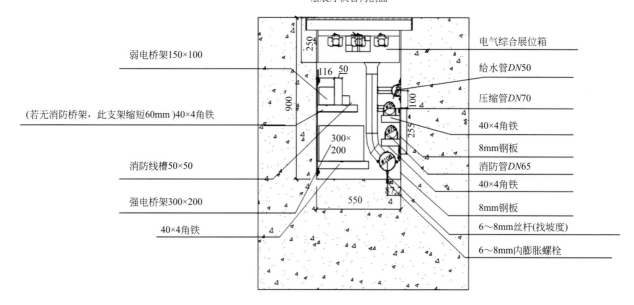

一层展厅次管沟剖面

弱电桥架150×100

(若无消防桥架,此支架缩短60mm)40×4角铁

消防线槽50×50

强电桥架300×200

40×4角铁

电气综合展位箱

给水管DN50

压缩管DN70

40×4角铁

8mm钢板

消防管DN65

40×4角铁

8mm钢板

6~8mm丝杆(找坡度)

6~8mm内膨胀螺栓

二层展厅展位坑(二层展厅无管沟,仅在楼板上按6m间距开洞):

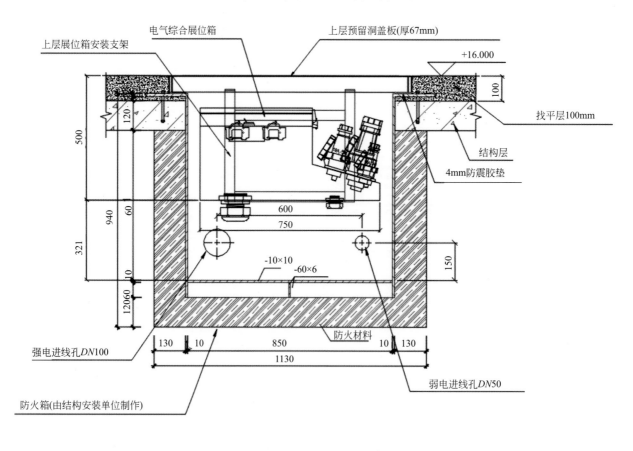

上层展位箱安装支架

电气综合展位箱

上层预留洞盖板(厚67mm)

+16.000

找平层100mm

结构层

4mm防震胶垫

防火材料

强电进线孔DN100

弱电进线孔DN50

防火箱(由结构安装单位制作)

会展建筑电气及智慧设计关键技术研究与实践

一层展厅电气综合展位箱：

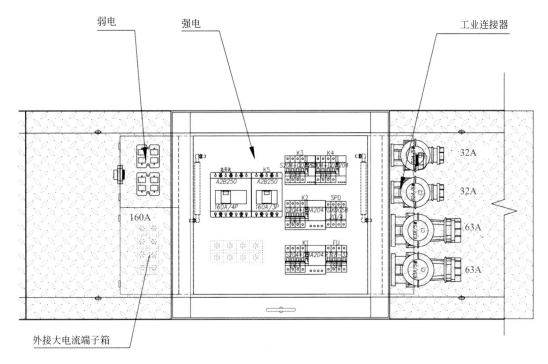

二层展厅电气综合展位箱：

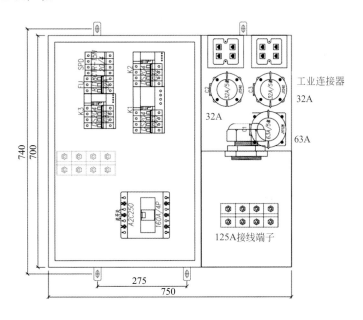

1.3 安保监控中心机房分布情况

按项目的主体功能分布，分别在E1地面1F、E1地下1层、D0地面1F、A0、B0、C0地面1F设立安保监控中心，分别对展览区、商业区、酒店区、办公区进行相对集中的监控，每个监控中心对就近功能区域的摄像机进行图像接收和控制。E1地面1F为总消防安保监控中心。

1.4 综合布线网络机房分布情况

按项目的主体功能分布，分别在E1地下1层、D0地面7层、A0、B0、C0地面1F设立综合布线网络机房，分别对展览区、商业区、酒店区、办公区进行相对集中的布线系统管理，每个机房对就近功能区域的网络、语音信息点进行管理。E1地下1层为总综合布线网络机房。

1.5 安保监控中心及综合网络机房

安保监控中心及综合网络机房分布图：

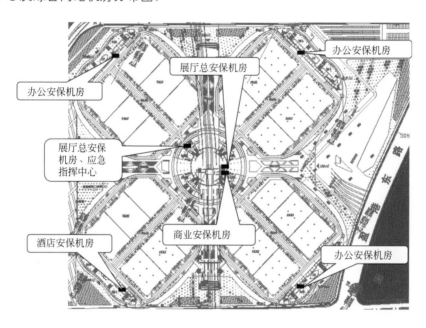

会展建筑电气及智慧设计关键技术研究与实践

2. 杭州国际博览中心

2.1 项目简介

杭州国际博览中心位于杭州钱江世纪城奥体博览城核心区，南临G20峰会主会场——西望钱江，具有重要的项目区位。用地面积88800m²，总建筑面积460355.5m²，其中地上建筑面积26133.5m²，地下建筑面积196482m²，建筑高度148.4m。借助"后峰会、前亚运"的空前机遇，杭州国际博览中心二期扩建将促进以会展为核心，融合相关产业发展的"会展产业园"全新模式。功能包括展览、会议、酒店、办公、主题展馆为一体的国际博览中心二期项目，极佳的项目区位，完善的功能设施，独特的外观形象，未来将成为打造杭州会展之都的引擎，建设完备的杭州奥体博览城的"链接点"，助力区域发展的城市名片。

2.2 工程概况

本项目为展览、办公、博物馆、酒店组成的会展综合体。

展览：总展览净面积52225m²左右，底层展厅和三层展厅面积分别为25461m²和26764m²左右，按展览面积划分属于大型会展，三层为9000m²多功能厅。

办公：建筑面积21481m²，定位为甲级智能化商务办公楼，层高4.2m，净高2.8m，为一类办公建筑。

酒店：建筑面积61419m²，总客房数约430间的商务酒店。

博物馆：建筑面积21413m²，按照建筑规模分类属于大型馆。

车库：属于Ⅰ类汽车库，地下室共3层，主要为车库、机房、酒店后勤。

人防：人防工程建于地下三层汽车库内，平时功能为汽车库，战时为甲类防空地下室（满足预定的战时对核武器、常规武器、生化武器的各项防护要求），人防建筑面积约21140m²。

建筑高度：T1酒店塔楼屋面标高148.4m，T2办公塔楼屋面标高98.4m，会展裙楼屋面标高49m，博物馆裙楼屋面标高49m。

总平面图：

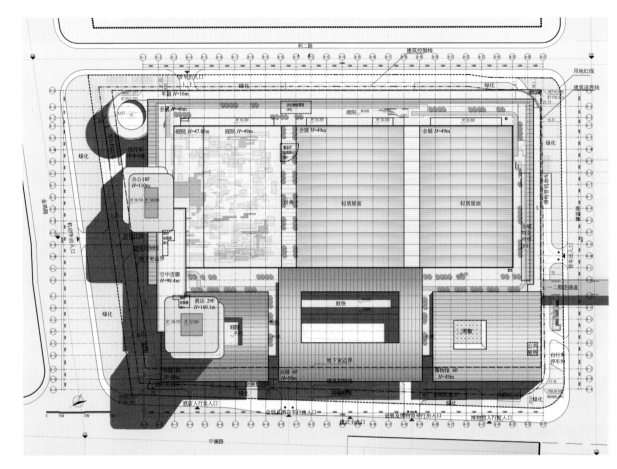

效果图：

A. 项目概况		
项目所在地		杭州市萧山区
建设单位		杭州钱江世纪城管委会
总建筑面积		46 万 m²
建筑功能（包含）		会展、博物馆、办公、酒店
各分项面积及功能	展览	52225m²；展厅
	超高层	8.2 万 m²；酒店 + 办公
	博物馆	2.1 万 m²
建筑高度		148.5m
结构形式		塔楼：钢管混凝土框架 - 钢筋混凝土核心筒结构体系；会展：钢框架 - 支撑结构体系
设计时间		2019 年 3 月
竣工时间		在建

B. 供配电系统		
申请电源		6 路 20kV
总装机容量（MVA）		57.4
变压器装机指标（VA/m²）		125
实际运行平均值（W/m²）		
供电局开关站设置	□有 ■无	面积（m²）

C. 变电所设置				
变电所位置	电压等级	变压器台数及容量	主要用途	单位面积指标（VA/m²）
地下室 B1 层 1# 会展车库变电所	20/0.4kV	2×1250kVA+2×1600kVA	车库以及地上展览配套	85
地下室 B1 层 2# 会展车库变电所	20/0.4kV	2×1250kVA+2×1600kVA	车库以及地上展览配套	
地下室 B1 层 3# 会展车库变电所	20/0.4kV	2×1250kVA+2×1600kVA	车库以及地上展览配套	
地下室 B1 层 4# 会展车库变电所	20/0.4kV	2×1250kVA+2×1600kVA	车库以及地上展览配套	
地下室 B1 层 1# 展览专用变电所	20/0.4kV	2×1250kVA	展览专用	222
地下室 B1 层 2# 展览专用变电所	20/0.4kV	2×1250kVA	展览专用	
地下室 B1 层 3# 展览专用变电所	20/0.4kV	2×1250kVA	展览专用	
地下室 B1 层 4# 展览专用变电所	20/0.4kV	2×1250kVA	展览专用	
地下室 B1 层 5# 展览专用变电所	20/0.4kV	2×1250kVA	展览专用	
地下室 B1 层 6# 展览专用变电所	20/0.4kV	2×1250kVA	展览专用	

C. 变电所设置

地下室 B1 层 制冷机房专用变电所	20/10.5kV	2×2500kVA	10kV 制冷机	
	20/0.4kV	2×1250kVA	制冷机房空调水泵及冷却塔，热水泵	
地下室 B1 层 酒店变电所	20/0.4kV	4×1600kVA	酒店专用	100
地下室 B1 层 办公变电所	20/0.4kV	2×1250kVA	办公专用	100
地下室 B1 层 博物馆变电所	20/0.4kV	2×1600kVA	博物馆专用	152

D. 柴油发电机设置

设置位置	电压等级	机组台数和容量	主要用途	单位面积指标（W/m²）
B2F 层会展 1# 柴发机房	0.4kV	2×1200kW	车库和会展重要负荷和消防负荷	13.5
B2F 层会展 2# 柴发机房	0.4kV	2×1200kW	车库和会展重要负荷和消防负荷	13.5
B1F 层酒店柴发机房	0.4kV	1×1000kW	酒店重要负荷和消防负荷	16
B1F 层办公柴发机房	0.4kV	1×730kW	办公重要负荷和消防负荷	20
B1F 层博物馆柴发机房	0.4kV	1×730kW	博物馆重要负荷和消防负荷	20

E. 强电间设置

	楼层	面积（m²）	主要用途	备注
地下室及其他各层	各层	6~10	照明电力空调	按防火分区设置，一个防火分区至少一个
展厅层		25～35	照明电力空调展览	一个展厅 2 间
辅楼	各层	6～10	照明电力空调	每层每个防火分区至少一间

F. 智能化机房和弱电间设置

	楼层	面积（m²）	主要用途	是否合用	备注
弱电进线间	地下一层	28	室外进线	是	
运营商机房 1	地下一层	60	运营商设备	是	
运营商机房 2	地下一层	51	运营商设备	是	
运营商机房 3	地下一层	38	运营商设备	是	
移动覆盖机房	地下一层	27	移动覆盖设备	是	
有线电视机房	地下一层	27	有线电视设备	是	
会展酒店消防安保中心	酒店首层	90	消防安保设备设置	否	
办公消防安保中心	办公首层	60	消防安保设备设置	是	
博物馆消防安保中心	博物馆首层	56	消防安保设备设置	是	
会展网络信息机房	地下一层	130	通信网络设备设置	是	
酒店网络信息机房	地下一层	42	通信网络设备设置	是	
办公网络信息机房	地下一层	25	通信网络设备设置	是	
博物馆网络信息机房	地下一层	20	通信网络设备设置	是	

注：酒店会展消防安保中心面积较小，考虑到层高足够，可以增加夹层，用以分别设置酒店与会展安保设备。

G. 智能化系统配置	
智能化系统	系统功能及配置
通信接入系统	• 酒店应具有各通信系统进线通道
	• 进线通道应有充分的冗余
	• 由酒店外进入酒店内的各系统应做防雷设计
综合布线系统	• 需区分酒管网、客用网、设备网
	• 所有客房、各多功能厅、酒店行政办公室、酒店前台、各经营区接待台、餐厅设有点菜系统接手柜、会议室、多功能厅、ATM 机、服务台及饭店后勤管理部门办公等区域均有网络接口
	• 垂直主干线系统由连接主设备间与各管理子系统之间铺设干线光缆及大对数电缆
	• 数据、语音水平线缆均采用六类 UTP 线缆，线缆长度不超过 90m
	• 信息面板（除特殊设计）一般采用 86 系列标准面板
	• 应保证能安全可靠使用 15 年以上
电话交换系统	• 采用独立的程控交换机系统（500 门）
	• 每客房至少配置 1 个分机号
	• 经营区与后勤办公区各分别预留 100 分机号
	• 具备"一键式"通信服务功能
	• 可提供叫醒、免打扰等服务
	• 配语音信箱功能
	• 呼叫计费功能
	• 与酒管软件完美对接
	• 提供中文、英文服务
	• 程控交换机需有 20% 冗余，数字中继根据系统情况配置，数字分机按管理公司要求
计算机网络系统	• 酒管网，客用网：应有物理隔离。单核心双引擎双电源、主干至少千兆、桌面百兆服务后勤区，设硬件防火墙、上网行为管理
	• 设备网：应有物理隔离。单核心双引擎双电源，主干千兆、桌面百兆，设硬件防火墙（客房能源管理系统，建筑设备管理系统，安防系统，信息引导及发布系统等）
标准客房	• 写字台：1 个数据点
	• 卫生间：1 个语音点
	• 床头柜：（靠窗）1 个语音点
	• 电视机后方：1 个数据点（IPTV）
	• 1 个 RCU 点，1 个 AP 点
无线 Wi-Fi 系统	• 在酒店各层设置若干个无线局域网的无线 AP 接入点，达到对酒店整个功能区域的完全覆盖
	• 覆盖酒店全部对客区域及后勤区
	• 客房及楼层走道均包括在内
	• 餐厅和室外人员密集区等公共区域
	• 后勤办公区全覆盖
	• 客用网和酒管网隔离
	• 采用 802.11ac

G. 智能化系统配置		
无线对讲系统		• 应具备单呼、组呼、群呼功能：适用于调度人员灵活调度
		• 对讲机信号应覆盖酒店全部区域，采用馈线方式
		• 需设置 4 个频段，两个中继台
		• 中继台设置在消防控制中心
		• 频率使用需要业主向当地无线管委会申请
室内移动通信覆盖		• 室内覆盖由运营商设计并实施
有线电视及卫星电视接收系统		• 需在客房电视机背后区域预留数据信息面板
		• 系统提供有线电视、卫星电视和自办节目等节目源
		• 设计 2 套卫星天线
		• 有线电视系统采用模拟传输方式
		• 标间客房设置 1 个电视点，套间客房设置 2 个电视点
		• 会议区域、餐厅包间、员工餐厅、健身房、棋牌室、乒乓球室、美容美发等区域设置电视点
		• 业主需要与当地有线电视节目提供商协商信号接入
背景音乐系统		• 背景音乐系统应有紧急广播强切功能
		• 采用数字系统
		• 系统设备安装在首层消防控制室
		• 对客区域、客房走廊有背景音乐
信息发布系统		• 支持现有的视频格式、图片格式及常用的文本文件导入
		• 终端显示屏主要分布于酒店的公共区域包括：酒店大堂、前台、首层电梯厅前室、宴会及多功能厅门口等处
		• 各终端实现网络连接，各位置显示屏可同时播放不同画面
		• 远程控制播放机开机、关机、切换视频画面
		• 显示屏旁设 1 个数据点，电源点由机电单位提供
视频监控系统		• 采用数字网络监控系统
		• 首层大堂、大堂吧、餐厅、客房走道、贵重物品存放处都采用 1080P 摄像机
		• 客房走道需监控全覆盖，没有盲区
		• 录像时间不少于 30 天
		• 电视墙间采用 LCD 拼接屏幕，轮巡显示或分割显示
		• 系统集中供电，提供后备 120min 供电时间
入侵报警系统		• 前台、收银台、贵重物品存放、残卫、无障碍客房设手动报警按钮
		• 在生活水泵房、贵重物品存放室、财务部设置双鉴探测器
		• 预留 110 报警接口
出入口控制系统		• 重要设备机房、员工通道设置出入口控制
		• 客房层疏散楼梯设置出入口控制
		• 电梯内刷卡后可以按键到客房层

G. 智能化系统配置	
电子巡更系统	• 在酒店建筑物内设电子巡更系统
	• 预先编制巡更软件程序
	• 采用离线巡更系统
	• 电子巡更管理主机设在消防控制室
弱电机房（消防控制室）	• 装饰：机房内应有吊顶，地面架空铺装防静电地板（高度为300mm）
	• 电气：设置不间断电源系统，120min后备（消防UPS备电180min）。机房设联合接地装置
	• 空调通风：由暖通专业提供
	• 消防：由消防专业统一实施
弱电机房（IT机房）	• 装饰：机房内应有吊顶，地面架空铺装防静电地板（高度为300mm）
	• 电气：设置不间断电源系统，30min后备。机房设联合接地装置
	• 空调通风：由暖通专业提供
	• 消防：由消防专业统一实施

平面功能布局图：

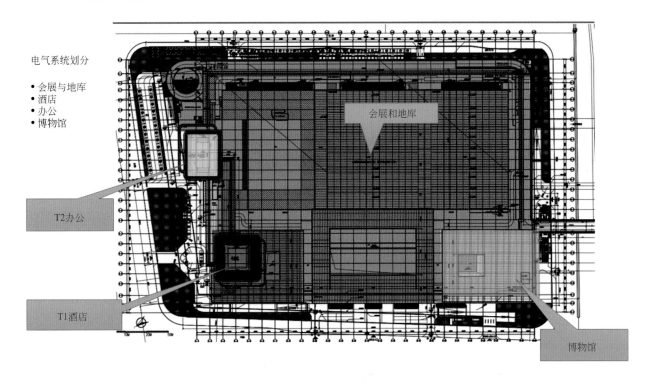

电气系统划分

• 会展与地库
• 酒店
• 办公
• 博物馆

供配电系统单线图：

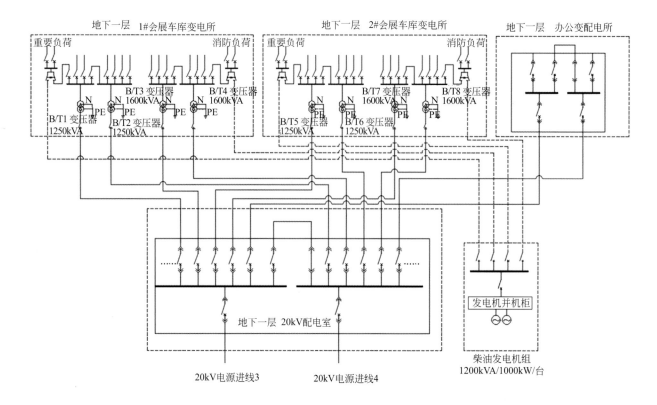

主要电气机房分布图：

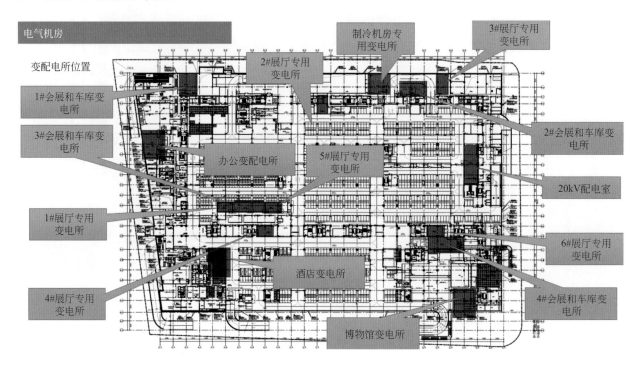

柴油发电机房

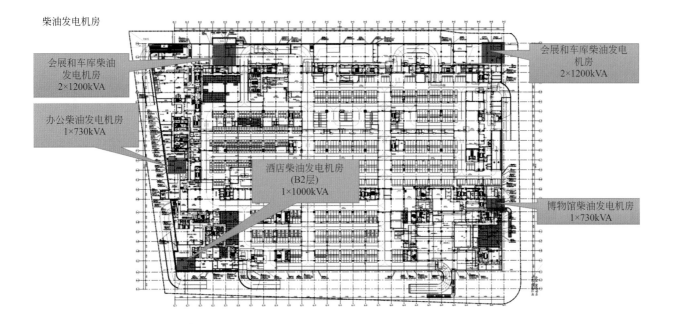

会展和车库柴油
发电机房
2×1200kVA

办公柴油发电机房
1×730kVA

酒店柴油发电机房
(B2层)
1×1000kVA

会展和车库柴油发电
机房
2×1200kVA

博物馆柴油发电机房
1×730kVA

展览配电：

展览工艺配电电缆路由

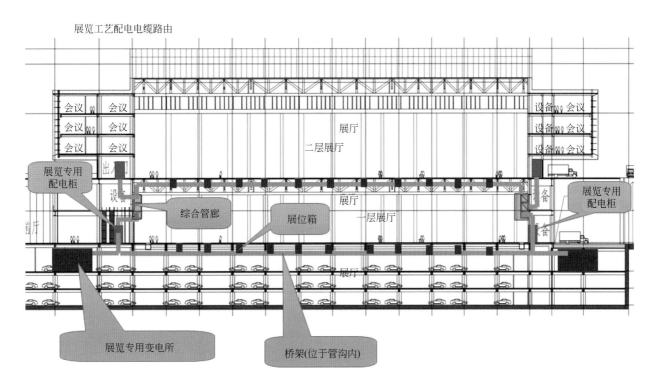

会议　会议　　　　　　　　　　　　　　　　　　　　　　设备　会议
会议　会议　　　　　　　　　展厅　　　　　　　　　　　设备　会议
会议　会议　　　　　　二层展厅　　　　　　　　　　　设备　会议

展览专用
配电柜

综合管廊

展位箱

展厅

一层展厅

展览专用
配电柜

展厅

展览专用变电所

桥架(位于管沟内)

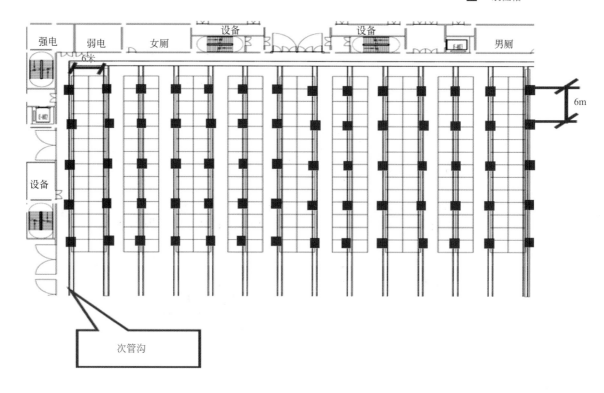

■ 展位箱

强电　弱电　女厕　设备　设备　男厕

6米

6m

设备

次管沟

管沟：

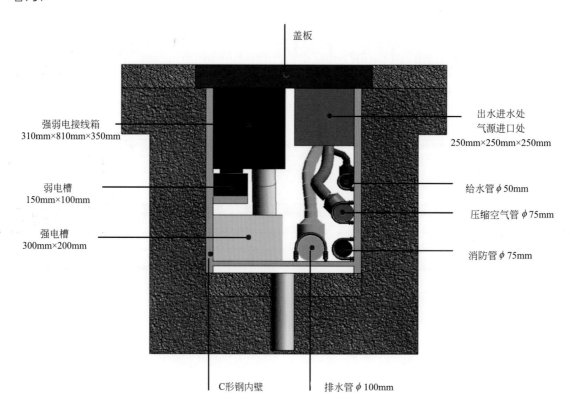

盖板

强弱电接线箱
310mm×810mm×350mm

弱电槽
150mm×100mm

强电槽
300mm×200mm

出水进水处
气源进口处
250mm×250mm×250mm

给水管 φ50mm

压缩空气管 φ75mm

消防管 φ75mm

C形钢内壁

排水管 φ100mm

会展建筑电气及智慧设计关键技术研究与实践

电气综合展位箱：

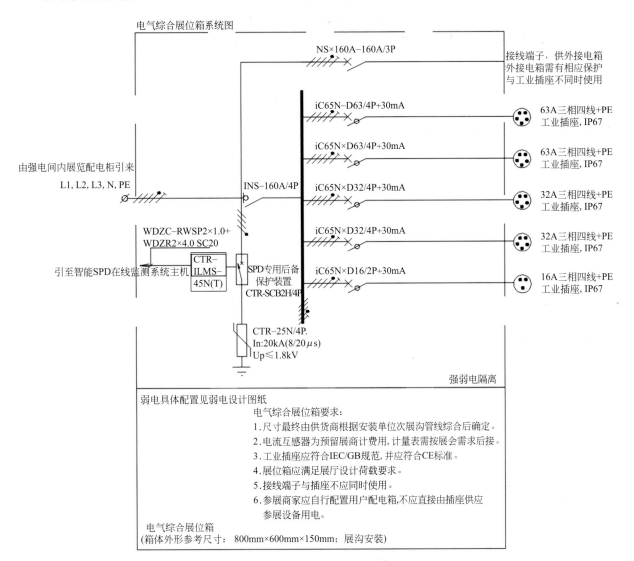

电气综合展位箱系统图

NS×160A-160A/3P

接线端子，供外接电箱
外接电箱需有相应保护
与工业插座不同时使用

iC65N-D63/4P+30mA
63A三相四线+PE
工业插座, IP67

iC65N×D63/4P+30mA
63A三相四线+PE
工业插座, IP67

由强电间内展览配电柜引来
L1, L2, L3, N, PE

INS-160A/4P

iC65N×D32/4P+30mA
32A三相四线+PE
工业插座, IP67

WDZC-RWSP2×1.0+
WDZR2×4.0 SC20

iC65N×D32/4P+30mA
32A三相四线+PE
工业插座, IP67

引至智能SPD在线监测系统主机

CTR-
ILMS-
45N(T)

SPD专用后备
保护装置
CTR-SCB2H/4P

iC65N×D16/2P+30mA
16A三相四线+PE
工业插座, IP67

CTR-25N/4P.
In:20kA(8/20μs)
Up≤1.8kV

强弱电隔离

弱电具体配置见弱电设计图纸

电气综合展位箱要求：
1.尺寸最终由供货商根据安装单位次展沟管线综合后确定。
2.电流互感器为预留展商计费用，计量表需按展会需求后接。
3.工业插座应符合IEC/GB规范，并应符合CE标准。
4.展位箱应满足展厅设计荷载要求。
5.接线端子与插座不应同时使用。
6.参展商家应自行配置用户配电箱，不应直接由插座供应
  参展设备用电。

电气综合展位箱
(箱体外形参考尺寸： 800mm×600mm×150mm；展沟安装)

3. 西安空港绿地国际会展中心

3.1 项目简介

项目位于西安市咸阳机场东南侧本项目位于陕西省西安市西咸新区。项目基地位于底张大街以南，广仁大街以北，立政路以东，崇仁路以西。西安绿地空港会展中心项目是绿地集团与西咸新区战略合作的重要成果之一。该项目涵盖了国际会展中心、全球商品直销中心旗舰店、特色商业街区、星级酒店、办公中心、高端住宅等多种业态。项目建成后将成为"一带一路"上最具临空特色的会展新地标。

3.2 工程概况

总规划用地：103207.93m²，总建筑面积:77400m²;其中地上建筑面积：56900m²，地下建筑面积：20500m²。本项目配有三个展厅及一个多功能厅等大小不同的前厅。建筑总建筑面积77400m²，其中地上建筑面积56900m²，地下建筑面积20500m²。建筑功能为展览建筑，功能组成有展厅、多功能展厅、会议办公、机电设备、后勤辅助等，建筑高度18m。本项目展厅满足国际标准展厅的技术要求。

总平面图：

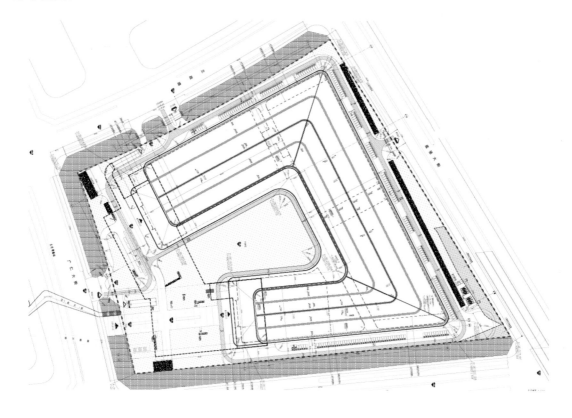

鸟瞰图：

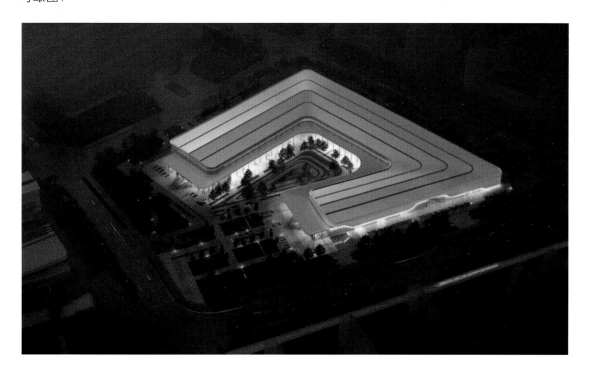

A. 项目概况		
	项目所在地	陕西省西安市西咸新区
	建设单位	绿地集团西咸新区启航国际会展有限公司
	总建筑面积	77400m²
	建筑功能（包含）	展厅、多功能厅、地下室
各分项面积及功能	多功能厅	3620m²
	展览	净展面积为 3.1 万 m²
	地下室	20403.95m²
	建筑高度	18m
	结构形式	结构体系基本上为钢筋混凝土结构（SKE）和钢结构（S）
	设计时间	2019～2020 年
	竣工时间	—

B. 供配电系统			
	申请电源	2 路 10kV	
	总装机容量（MVA）	15.3	
	变压器装机指标（VA/m²）	193	
	实际运行平均值（W/m²）	—	
	供电局开关站设置	□有　■无	面积（m²）

C. 变电所设置

变电所位置	电压等级	变压器台数及容量	主要用途	单位面积指标（VA/m²）
地下室 B1 层 1# 变电所	10/0.4kV	2×1600kVA 2×1250kVA	综合	
地下室 B1 层 2# 变电所	10/0.4kV	4×1600kVA	综合	193
1 层 3# 变电所	10/0.4kV	2×1600kVA	展厅	

D. 柴油发电机设置

设置位置	电压等级	机组台数和容量	主要用途	单位面积指标（W/m²）
B2F 层柴发机房	0.4kV	2×800kW（1000kVA）	应急重要合用	20

E. 强电间设置

	楼层	面积（m²）	主要用途	备注
地下室及其他各层	各层	6～10	照明电力空调	按防火分区设置，一个防火分区至少一个
展厅		15～30	照明电力空调展览	一个展厅 2～4 间

F. 智能化机房和弱电间设置

	楼层	面积（m²）	主要用途	是否合用 *	备注
弱电进线间及运营商机房	地下一层	52.5			
消防安保中心	首层	84.1		是	
电话网络机房	二层	26.2			
电话网络分机房	首层	16~46			2 个电话网络分机房
电话网络分机房	二层	36.4			
弱电间	B2 层	12	地下		
弱电间	B1 层	大于 5	地下		6 个弱电间
弱电间	首层	大于 5	展览		9 个弱电间
弱电间	二层	大于 5	展览		6 个弱电间
弱电间	三层	26	展览		1 个弱电间

注：*"是否合用"是指消防控制室与安防监控中心或安防分控室的合用。

G. 智能化系统配置

系统名称	系统配置	备注
综合布线系统	布线类型：水平 6 类 UTP； 布点原则：展厅：3 信息点 /8 个展位、6 只光纤点 / 展厅； 展厅信息点：511 只、光纤点：18 只	
通信系统	展厅：程控电话交换机 1500 门	
信息网络系统	系统架构：二层网络架构	
有线电视网络和卫星电视接收系统	系统型式：IPTV	
信息导引及发布系统	系统型式：网络系统； 显示型式：液晶屏、LED 屏； 共计显示终端：112 只	

系统名称	系统配置	备注
广播系统	系统型式：数字系统； 系统功能：展厅为业务广播、紧急广播； 展厅扬声器：371 只	
安全防范系统	入侵报警：双监探测器 78 只； 求助报警按钮 30 只	
	视频监控：720P/1080P 摄像机共计 589 只	
	出入口控制：门禁读卡器 31 只	
	一卡通：集成门禁、考勤、停车等	
	电子巡查：离线式	
	周界报警：有	
无线对讲系统	分布式系统，8 台信道机，16 个频道	
楼宇对讲系统	无	
智能家居系统	无	
停车库管理系统	反向寻车：无； 车库闸：一进一出 3 套	
智能化集成系统	集成消防、安防、无线对讲、设备监控、能耗、信息发布等	

供配电系统单线图：

图例：
- 10kV断路器柜
- 10kV负荷开关柜
- 10kV负荷开关柜(带保险)
- 10kV计量柜
- 10kV PT柜
- 10kV配电变压器
- 机械闭锁(包括电气闭锁)

序号	变电所名称	安装位置	配电变压器容量	供电范围	备注
1	1#变配电站	地下1层	2×1250kVA 2×1600kVA	展厅A、室外展场展览用电 地下展厅B1、展厅A、B及室外总体	5700kVA
2	2#变配电站	地下1层	4×1600kVA	地下展厅B1~B2、制冷机房 展厅B、C、多功能厅及室外总体	6400kVA
3	3#变配电站	BC展厅地上1层	2×1600kVA	展厅B、C展览用电	3200kVA
4	合计			合计：15300kVA	

1#变配电站 / 2#变配电站 / 3#变配电站

1-Tr-1 10/0.4kV 1600kVA
1-Tr-2 10/0.4kV 1600kVA
1-Tr-3 10/0.4kV 1250kVA
1-Tr-4 10/0.4kV 1250kVA
2-Tr-1 10/0.4kV 1600kVA
2-Tr-2 10/0.4kV 1600kVA
2-Tr-3 10/0.4kV 1600kVA
2-Tr-4 10/0.4kV 1600kVA
3-Tr-1 10/0.4kV 1600kVA
3-Tr-2 10/0.4kV 1600kVA

平时 / 消防

发电机并机柜
0.4kV G4 柴油发电机组 1000kVA/800kW (常用)
0.4kV G3 柴油发电机组 1000kVA/800kW (常用)
柴油发电机房

10kV电源进线B 由供电局提供 7650kVA
10kV电源进线A 由供电局提供 7650kVA

主要电气机房分布图:

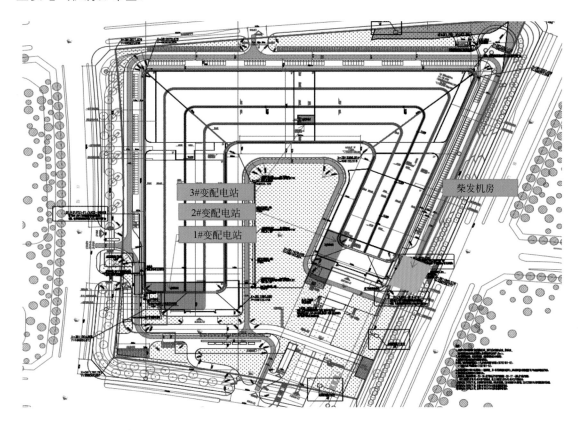

3#变配电站
2#变配电站
1#变配电站
柴发机房

展览配电:

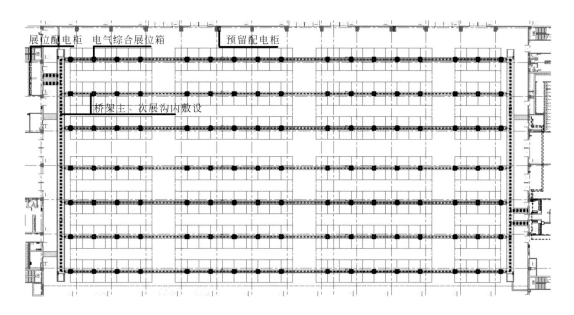

展位配电柜　电气综合展位箱　　预留配电柜

桥架主、次展沟内敷设

管沟：

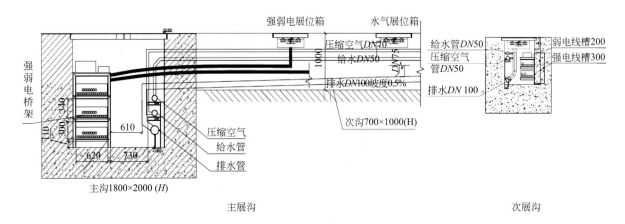

主展沟   次展沟

电气综合展位箱：

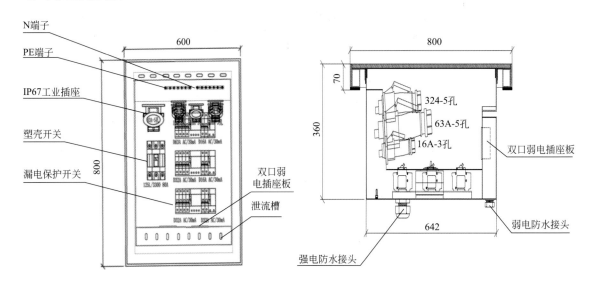

3.3 安保监控中心机房分布情况

会展地面1F设立安保监控中心，对展览区、地下、多功能厅进行相对集中的监控，监控中心对区域的摄像机进行图像接收和控制。综合布线网络机房分布情况：

会展地面2层设立总通信机房，对展览区、地下、多功能厅进行相对集中的布线系统管理，机房对功能区域的网络、语音信息点进行管理。

每个展厅设立电话网络分机房，对展览区进行相对集中的布线系统管理，机房对功能区域的网络、语音信息点进行管理。

4. 绿地东北亚国际博览城国际会展中心（哈尔滨）

4.1 项目简介

东北亚国际会展中心项目位于黑龙江省哈尔滨市松北新区，紧邻松花江，与哈尔滨市核心区隔江相望，是中国（黑龙江）自由贸易试验区哈尔滨片区挂牌后谋划的首个大型会展综合体。该项目靶向性瞄准自贸区建设，将针对自贸区建设搭建国际合作的大平台和自由贸易的大载体，未来，哈尔滨新区将围绕会展中心，以点带面，把哈尔滨新区打造成为战略性新兴产业发展高地、现代金融体系创新区，招商引资的新高地，成为助力黑龙江省和哈尔滨市全面振兴全方位振兴的先行示范区。

4.2 工程概况

本项目地上建筑面积151900m²，其中净展面积：82750m²，地下室面积32418m²（机房）。六大展区其中A、F展区为超大展厅，净展面积约为14500m²，展厅最高点为23.9m，净高为12M，设置标准展位728个，展厅南北两侧为辅助用房，包含必要的设备机房、卫生间、办公等功能；B、C、D、E展区为双层展厅。单个展厅净展面积约为6700m²，设置标准展厅358个，首层展厅层高为15.3m，净高为12m，二层展厅为坡顶展厅，净高为8m。其中B、E展区建筑最高点为35.5m，最低点为26.5m，室外地坪至坡屋面檐口与屋脊平均高度为31.1m；C、D展区建筑最高点为33.0m，最低点为28.1m，室外地坪至坡屋面檐口与屋脊平均高度为30.70m。地下室均为设备机房及地下车库、人防工程，建筑面积为32418m²，层高为4.2～6.6m。本项目展厅满足国际标准展厅的技术要求。

总平面图：

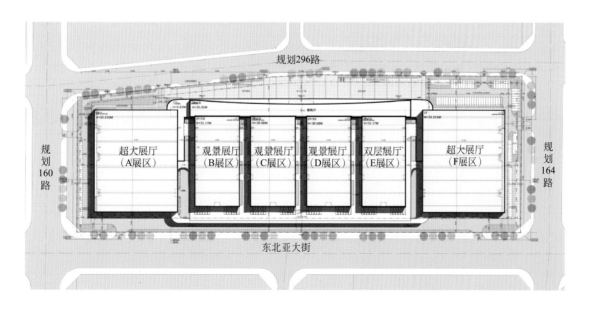

鸟瞰图：

会展建筑电气及智慧设计关键技术研究与实践

A. 项目概况		
项目所在地		哈尔滨市松北新区
建设单位		绿地国贸哈尔滨房地产开发有限公司
总建筑面积		184318m²
建筑功能（包含）		共享大厅、六大展区、地下室
各分项面积及功能	共享大厅	12025m²
	展览	净展面积为82750m²
	地下室	32418.5m²
建筑高度		35.5m
结构形式		结构体系基本上为钢筋混凝土结构（SKE）和钢结构（S）
设计时间		2019年9月
竣工时间		—

B. 供配电系统

申请电源	4 路 10kV	
总装机容量（MVA）	35.02	
变压器装机指标（VA/m²）	190	
实际运行平均值（W/m²）		
供电局开关站设置	□有　■无	面积（m²）

C. 变电所设置

变电所位置	电压等级	变压器台数及容量	主要用途	单位面积指标（VA/m²）
地下室 B1 层 1# 变电所	10/0.4kV	2×630kVA　2×1250kVA	综合	55（含充电桩）
地下室 B1 层 2# 变电所	10/0.4kV	2×800kVA	综合	
地下室 B1 层 3# 变电所	10/0.4kV	2×630kVA	地下车库	
1 层 1# 变电所	10/0.4kV	2×2000kVA	展厅	
1 层 2# 变电所	10/0.4kV	2×2000kVA	展厅	277（展位） 90（会议、办公）
1 夹层 1# 变电所	10/0.4kV	2×2000kVA	展厅	
1 夹层 2# 变电所	10/0.4kV	2×2000kVA	展厅	
1 夹层 3# 变电所	10/0.4kV	2×2000kVA	展厅	
1 夹层 4# 变电所	10/0.4kV	2×2000kVA	展厅	
室外展场	10/0.4kV	2×500kVA	室外展览专用	90

注：制冷机房内设置有 4 台 850kW 的 10kV 制冷机组。

D. 柴油发电机设置

设置位置	电压等级	机组台数和容量	主要用途	单位面积指标（W/m²）
B1F 层柴发机房	0.4V	3×1000kW（1250kV）	应急重要合用	16.3

E. 强电间设置

	楼层	面积(m²)	主要用途	备注
地下室及其他各层	各层	6～10	照明电力空调	按防火分区设置，一个防火分区至少一个
展厅层		15～25	照明电力空调展览	一个展厅 4～5 间

F. 智能化机房和弱电间设置

	楼层	面积（m²）	主要用途	是否合用	备注
弱电进线间	地下一层	18			
运营商机房 1	地下一层	51.5			电信
运营商机房 2	地下一层	53.8			联通
运营商机房 3	地下一层	46.3			移动
有线电视机房	地下一层	50.5			
无线覆盖机房	地下一层	48.8			
总安防监控中心	首层	169.3		是	
总通信网络机房	首层	169.3			
电话网络分机房	首层	20 ～ 42			6 个电话网络分机房
电话网络分机房	二层	20 ～ 42			4 个电话网络分机房
弱电间	B1 层	5 左右	地下		13 个弱电间
弱电间	首层	5 左右	展览		30 个弱电间
弱电间	6.000m	5 左右	展览		14 个弱电间
弱电间	12.000m、二夹层	5 左右	展览		8 个弱电间
弱电间	二层	5 左右	展览		16 个弱电间

注：是否合用是指消防控制室与安防监控中心或安防分控室的合用。

G. 智能化系统配置

系统名称	系统配置	备注
综合布线系统	布线类型：水平 6 类 UTP； 布点原则：展厅：3 信息点 /8 个展位、2~6 光纤点 / 展厅； 展厅信息点：1846 只、光纤点：20 只	
通信系统	展厅：程控电话交换机 1500 门	
信息网络系统	系统架构：二层网络架构	
有线电视网络和卫星电视接收系统	系统型式：IPTV	
信息导引及发布系统	系统型式：网络系统； 显示型式：液晶屏、LED 屏； 共计显示终端：176 只	
广播系统	系统型式：数字系统； 系统功能：展厅为业务广播、紧急广播； 展厅扬声器：516 只	

G. 智能化系统配置

安全防范系统	入侵报警：双监探测器 98 只；求助报警按钮 45 只	
	视频监控：720P/1080P 摄像机共计 523 只	
	出入口控制：门禁读卡器 57 只	
	一卡通：集成门禁、考勤、停车等	
	电子巡查：离线式	
	周界报警：有	
无线对讲系统	分布式系统，8 台信道机，16 个频道	
停车库管理系统	反向寻车：无；车库闸：一进一出 4 套	
智能化集成系统	集成消防、安防、无线对讲、设备监控、能耗、信息发布等	

供配电系统单线图：

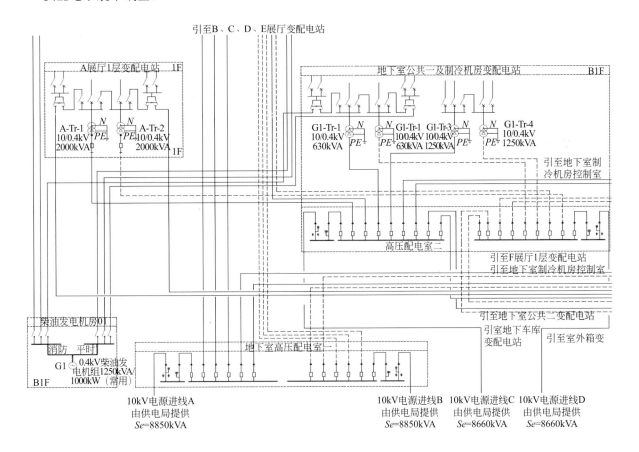

4. 绿地东北亚国际博览城国际会展中心（哈尔滨）

主要电气机房分布图：

地下一层：

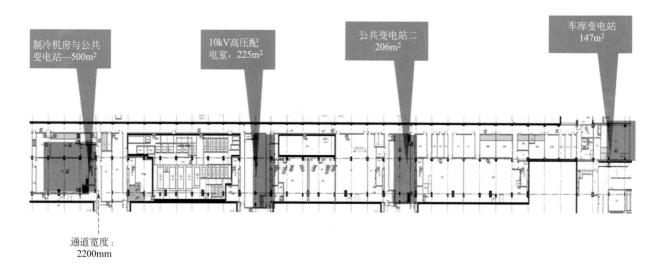

制冷机房与公共
变电站—500m²

10kV高压配
电室，225m²

公共变电站二
206m²

车库变电站
147m²

通道宽度：
2200mm

会展建筑电气及智慧设计关键技术研究与实践

一层：

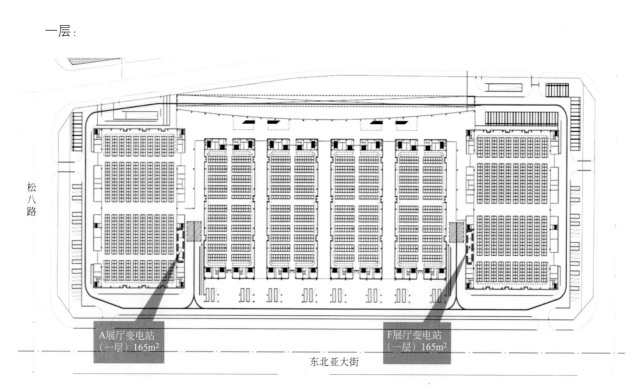

松八路

A展厅变电站
（一层）165m²

F展厅变电站
（一层）165m²

东北亚大街

一夹层：

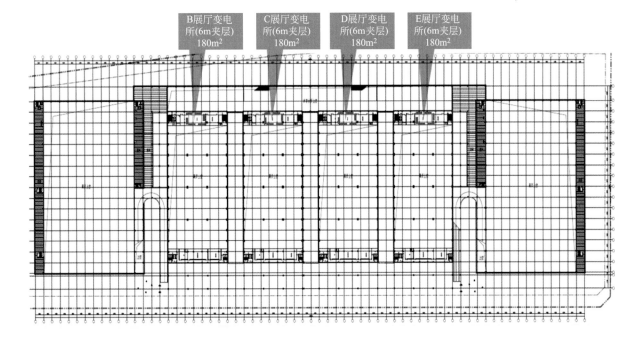

B展厅变电
所(6m夹层)
180m²

C展厅变电
所(6m夹层)
180m²

D展厅变电
所(6m夹层)
180m²

E展厅变电
所(6m夹层)
180m²

展览配电：

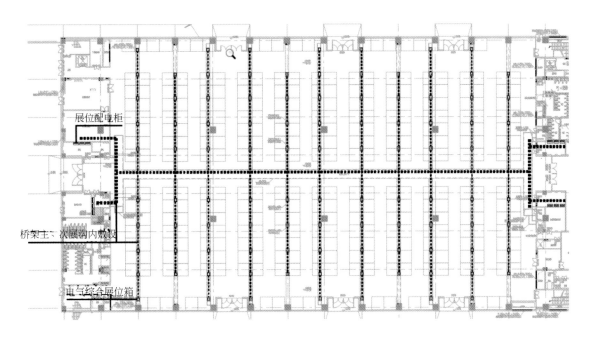

展位配电柜

桥架主、次展沟内敷设

电气综合展位箱

管沟：

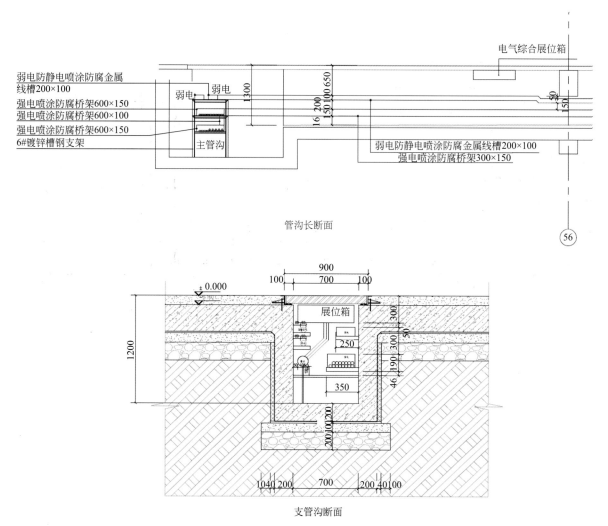

弱电防静电喷涂防腐金属线槽200×100
强电喷涂防腐桥架600×150
强电喷涂防腐桥架600×100
强电喷涂防腐桥架600×150
6#镀锌槽钢支架

弱电防静电喷涂防腐金属线槽200×100
强电喷涂防腐桥架300×150

电气综合展位箱

管沟长断面

支管沟断面

电气综合展位箱：

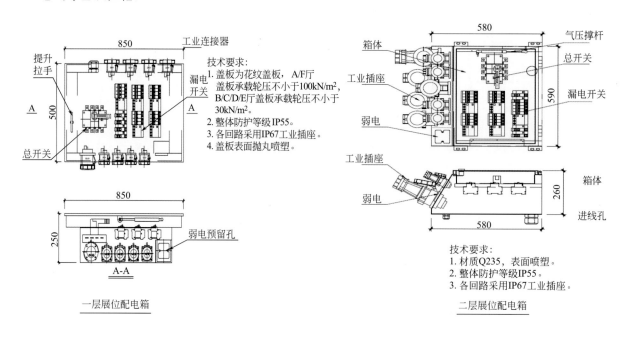

技术要求：
1. 盖板为花纹盖板，A/F厅盖板承载轮压不小于100kN/m²，B/C/D/E厅盖板承载轮压不小于30kN/m²。
2. 整体防护等级IP55。
3. 各回路采用IP67工业插座。
4. 盖板表面抛丸喷塑。

一层展位配电箱

技术要求：
1. 材质Q235，表面喷塑。
2. 整体防护等级IP55。
3. 各回路采用IP67工业插座。

二层展位配电箱

4.3 安保监控中心机房分布情况

会展地面1F设立安保监控中心，对展览区、地下、共享大厅进行相对集中的监控，监控中心对区域的摄像机进行图像接收和控制。综合布线网络机房分布情况：

会展地面1F设立总通信机房，对展览区、地下、共享大厅进行相对集中的布线系统管理，机房对功能区域的网络、语音信息点进行管理。

展厅层每个展厅设立电话网络分机房，对展览区进行相对集中的布线系统管理，机房对功能区域的网络、语音信息点进行管理。

5. 淮海国际博览中心（徐州）

5.1 项目简介

项目位于徐州市新城区东北部，徐州奥体中心项目北侧，汉源大道东侧，古黄河的南侧，周边道路为西侧的汉源大道，南侧的云台路及东侧的新元大道，其北侧的彭祖大道为规划道路，总用地面积24.24公顷，淮海国际博览中心定位为淮海经济圈最重要的会展功能性建筑，以举办国际、国内各种类型的会展活动为功能核心，集展览、会议、演艺等多种功能于一体的会展综合体，具备承载国际重型机械展的能力，是徐州城市社会文明新的象征、产业进一步发展的载体，以及城市的标志性建筑之一。淮海国际博览中心致力于成为国际会展、经济论坛、总部经济、智慧城市和文化旅游于一体的龙头项目，成为徐州在新时期的重要战略平台和对外展示窗口，助力徐州在装备制造业会展活动领域处于全球领先地位，为徐州打造"中国会展名城"和"一带一路沿线具有重要影响的会展城市"而贡献力量。

5.2 工程概况

会展中心一期和二期以彭祖大道为界，一期地块规划总用地面积为242369m²，拟建总建筑面积约为207443m²，其中地下室建筑面积约为62370m²，地上计容室内建筑面积约为122262m²，室外雨棚建筑面积约为21040m²，不计容建筑面积约为1771m²。

博览中心一期以中央综合楼为中心，向东西两侧展开双翼。分别布置会展楼、登录大厅、登录广场等，东西登录大厅及中央大厅为参展群众和展商主要出入口。南侧为货运面，形成北客南货的格局。二期位于一期的北侧，呈扇形向故黄河方向展开，一、二期之间的区域，彭祖大道下穿路上方区域设置一、二期的室外展场。

总平面图：

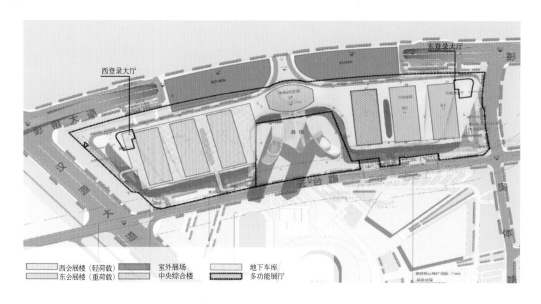

A. 项目概况

项目所在地	徐州市新城区东北部	
建设单位	徐州淮展置业有限公司	
总建筑面积	210654m²	
建筑功能（包含）	东区展厅、西区展厅、中央大厅、室外雨棚、地下车库	
各分项面积及功能	东区展厅	53611m² 东登录厅3100m²+ 前厅5000m²+3 个标准展厅9650m²+3 个小展厅1286m²（净展3.3 万）
	西区展厅	53611m² 西登录厅3100m²+ 前厅5000m²+3 个标准展厅9650m²+3 个小展厅1286m²（净展3.3 万）
	中央大厅	17045m² 首层为商业1200m²+ 中央发布厅1800m²+VIP 接待1000m²+ 二层多功能厅3000m²（无厨房配套）；二层多为功能厅3000m²，中小会议室8 间约700m²，前厅向南联通酒店2、3 层，东西联通东区、西区展厅
	室外雨棚	20250m²
	地下	62940m² 停车总面积：52723m²；物业办公区：979m²；■ 主机房面积：6853m² ■ 食堂区面积：993m²
建筑高度	35.5m	
结构形式	结构体系基本上为钢筋混凝土结构（SKE）和钢结构（S）	
设计时间	2019 年	
竣工时间	2021 年	

B. 供配电系统

申请电源	4 路 10kV
总装机容量（MVA）	27.92
变压器装机指标（VA/m²）	135
实际运行平均值（W/m²）	
供电局开关站设置	■有　□无　　　面积（m²）

C. 变电所设置

变电所位置	电压等级	变压器台数及容量	主要用途	单位面积指标（VA/m²）
地下室 B1 层 1# 变电所	10/0.4kV	2×500kVA	车库	22（不含充电桩）
地下室 B1 层 2# 变电所	10/0.4kV	2×1000kVA+2×1600kVA	车库以及中央区会议	
东展厅首层 1# 变电所	10/0.4kV	2×1250kVA	东 E1 展厅展览及其配套用电	222（展位）70（照明、空调小动力）
东展厅首层 2# 变电所	10/0.4kV	2×1250kVA	东 E2 展厅展览及其配套用电	
东展厅首层 1# 变电所	10/0.4kV	2×1250kVA	东 E3 展厅展览及其配套用电	
西展厅首层 1# 变电所	10/0.4kV	2×1250kVA	西 W1 展厅展览及其配套用电	
西展厅首层 2# 变电所	10/0.4kV	2×1250kVA	西 W2 展厅展览及其配套用电	
西展厅首层 3# 变电所	10/0.4kV	2×1250kVA	西 W3 展厅展览及其配套用电	
室外展场	10/0.4kV	2×630kVA+1×1250kVA	室外展览专用	55

注：地下室制冷机房内有 4 台 1055kVA 高压制冷机组。

D. 柴油发电机设置

设置位置	电压等级	机组台数和容量	主要用途	单位面积指标（W/m²）
地下室 B1F 层柴发机房	10kV	2×1000kW	车库和会展重要负荷和消防负荷	10

E. 强电间设置

	楼层	面积（m²）	主要用途	备注
地下室及其他各层	各层	6～10	照明电力空调	按防火分区设置，一个防火分区至少一个
展厅层		25～35	照明电力空调展览	一个展厅 2 间

F. 智能化机房和弱电间设置

	楼层	面积（m²）	主要用途	是否合用	备注
进线间 1	地下一层	32.5			
进线间 2	地下一层	22.1			
运营商机房 1	地下一层	53.4			电信
运营商机房 2	地下一层	53.4			联通
运营商机房 3	地下一层	41.4			移动
消控室	首层	92.7		否	
应急指挥中心	首层	71.3		否	
电话分机房	首层	25～35			6 个电话分机房
电话网络分机房	首层	25～35			6 个电话网络分机房
弱电间	B1 层	大于 5	地下		14 个弱电间
弱电间	首层	大于 5	展览		26 个弱电间

注：是否合用是指消防控制室与安防监控中心或安防分控室的合用。

G. 智能化系统配置

系统名称	系统配置	备注
综合布线系统	布线类型：水平 6 类 UTP； 布点原则：展厅 3 信息点 /8 个展位、4 光纤点 / 展厅； 展厅信息点：729 只、光纤点：24 只	
通信系统	展厅：程控电话交换机 1500 门	
信息网络系统	系统架构：二层网络架构	
有线电视网络和卫星电视接收系统	系统型式：IPTV	
信息导引及发布系统	系统型式：网络系统； 显示型式：液晶屏、LED 屏； 共计显示终端：79 只	
广播系统	系统型式：数字系统； 系统功能：展厅为业务广播、紧急广播； 展厅扬声器：478 只	

G. 智能化系统配置		
安全防范系统	入侵报警：双监探测器 233 只； 求助报警按钮 31 只	
	视频监控：720P/1080P 摄像机共计 501 只	
	出入口控制：门禁读卡器 65 只	
	一卡通：集成门禁、考勤、停车等	
	电子巡查：离线式	
	周界报警：有	
无线对讲系统	分布式系统，8 台信道机，16 个频道	
停车库管理系统	反向寻车：无； 车库闸：一进一出 6 套	
智能化集成系统	集成消防、安防、无线对讲、设备监控、能耗、信息发布等	

供配电系统单线图：

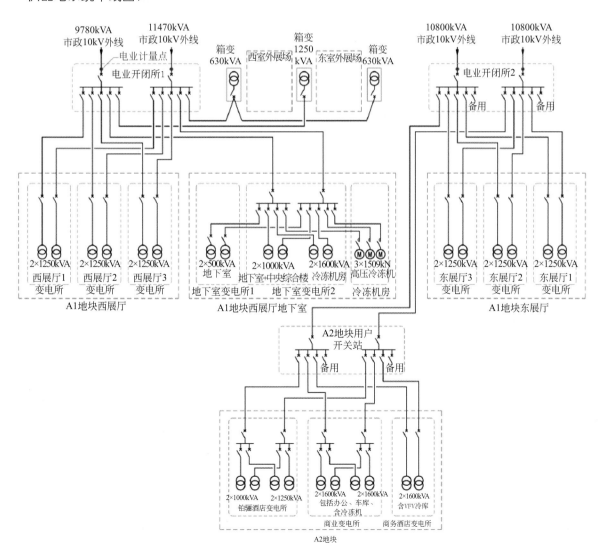

■ 本项目设置一个10kV高压柴油发电机房

■ 10kV应急电源放射式送至各变电所(冷冻机房专用变压器除外)，每组变压器的其中一台接入柴油发电机；

■ 柴油发电机馈线断路器与该变压器的市电进线断路器以备自投的形式联锁，自动投入为变压器供电；

■ 柴油发电机启动信号取自相关变电所的高压进线处，某一个变电所的两路高压进线；全部失电后，自动启动。

■ 接入柴油发电机的变压器的低压母线分段，一般负荷应在两路市电故障或火灾时集中切除。

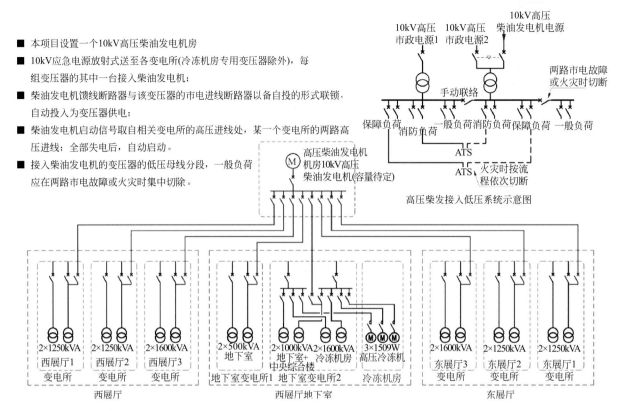

高压柴发接入低压系统示意图

主要电气机房分布图：

开闭所	供电范围	供电容量	位置
开闭所1 (A1西侧)	变电所4、5、6、7、8、9、10	21250 kVA (9780+ 11470 kVA) 二进十出	待定，拟设于西展厅最东侧展厅的南侧一层
开闭所2 (A1东侧)	变电所1、2、3、11、12、13	21600kVA (10800+ 10800 kVA) 二进十出	待定，拟设于乐展厅最西侧展厅的南侧一层

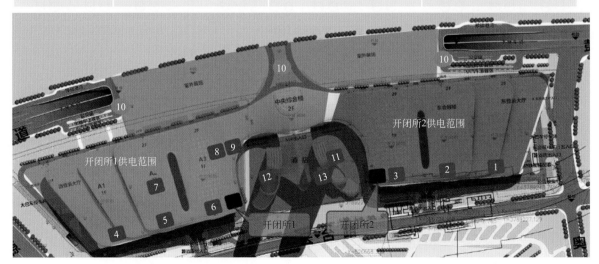

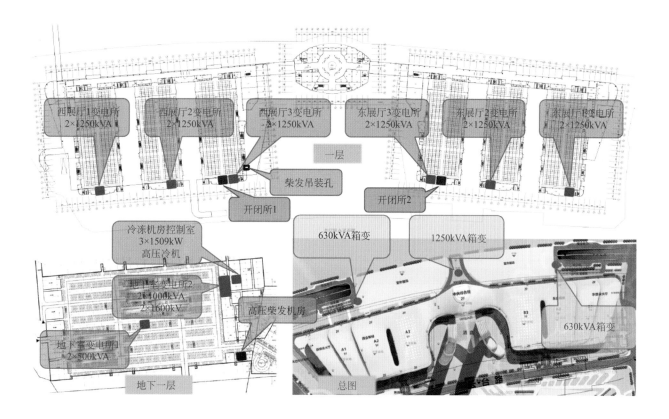

管沟设置：

西展厅管沟设置：

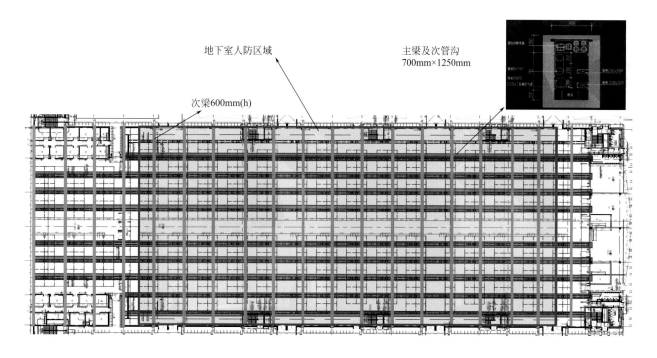

西展厅管沟设置：

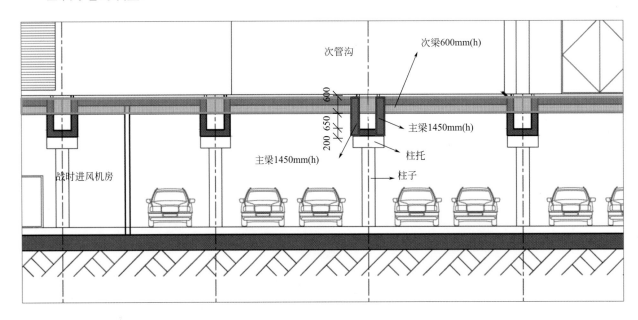

次管沟

次梁600mm(h)

主梁1450mm(h)

柱托

柱子

主梁1450mm(h)

战时进风机房

西展厅管沟设置-管线走向：

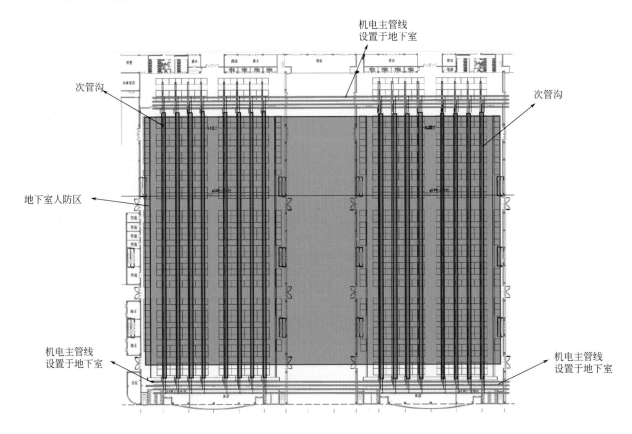

机电主管线
设置于地下室

次管沟

次管沟

地下室人防区

机电主管线
设置于地下室

机电主管线
设置于地下室

东展厅管沟设置：

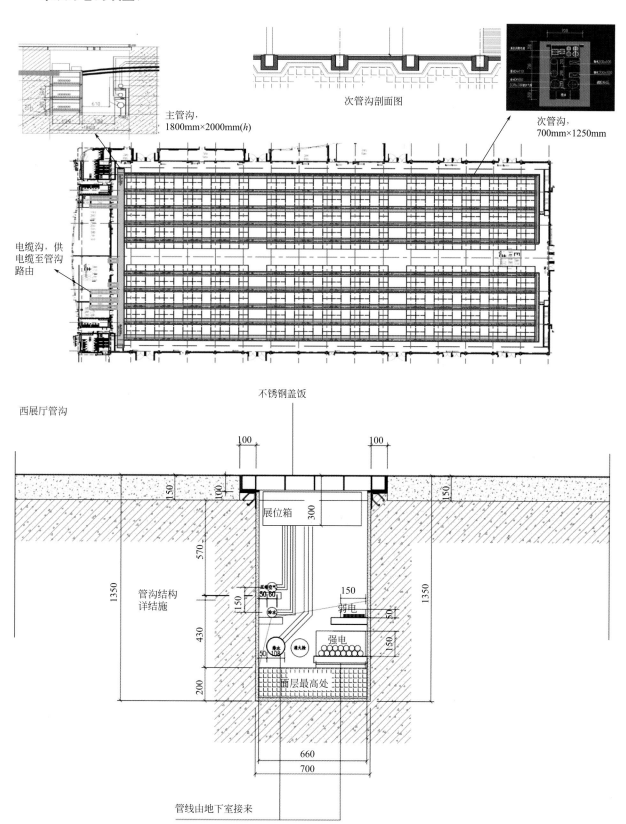

主管沟，
1800mm×2000mm(*h*)

次管沟剖面图

次管沟，
700mm×1250mm

电缆沟，供
电缆至管沟
路由

不锈钢盖饭

西展厅管沟

100   100

150   100   150

展位箱
300

570

1350   管沟结构
详结施

150   150

弱电
50

430

强电

50   消火栓

200   面层最高处

660

700

管线由地下室接来

西展厅展览配电：

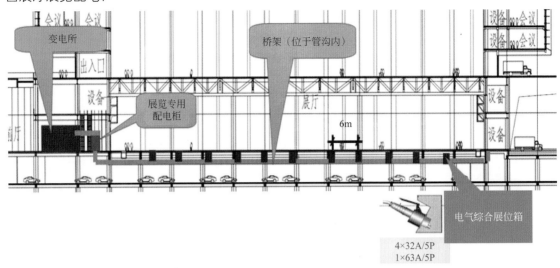

东展厅展览配电：

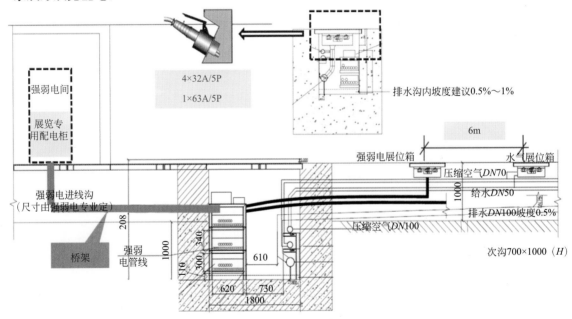

5.3　安保监控中心机房分布情况

　　会展地面1F设立安保监控中心，东区展厅、西区展厅、中央大厅、室外雨棚、地下车库进行相对集中的监控，监控中心对区域的摄像机进行图像接收和控制。综合布线网络机房分布情况：

　　会展地面1F设立总电话网络机房，东区展厅、西区展厅、中央大厅、室外雨棚、地下车库进行相对集中的布线系统管理，机房对功能区域的网络、语音信息点进行管理。

　　每个展厅设立电话网络分机房、电话网络分机房，对展览区进行相对集中的布线系统管理，机房对功能区域的网络、语音信息点进行管理。

6. 天津高新区中央商务区展览中心

6.1 项目简介

天津高新区软件和服务外包基地综合配套区中央商务区二期项目（包括会展中心项目）位于天津市中心城区西南部，外环线绿化带外侧，与发展中的第三高教区相邻，是天津新技术产业园区的重要组成部分。

6.2 工程概况

整个中央商务区的基地面积为325492.4m²。一期基地面积为100040m²；二及三期基地面积为225452.4m²。而会展中心项目所占二期用地约65071m²。

会展中心总规划方案具体由以下部分组成——会展中心（展览厅），三层（连首层夹层）；东商业楼，三层；西商业楼，三层；地库，地下一层夹层至地下三层。

大型机电设备区，如发电机房、制冷机房和变配电站等，主要分布在地下一层及地下一层夹层。消防水池／水泵房、生活水池／水泵房等，亦主要分布在地下一层及地下一层夹层。

总平面图：

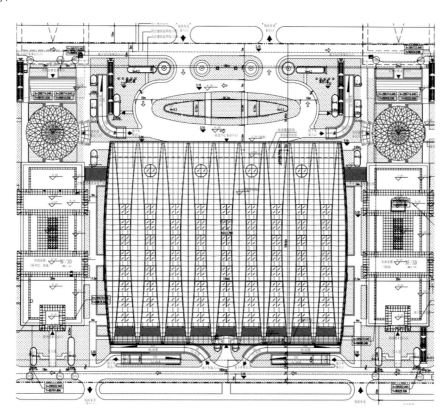

鸟瞰图：

A. 项目概况	
项目所在地	天津
建设单位	高银地产（天津）有限公司
机电顾问	迈进机电工程顾问有限公司
总建筑面积	约 18 万 m²
建筑功能（包含）	展览、会议、图书馆
设计时间	2014 年 7 月
竣工时间	

B. 供配电系统			
申请电源	2 路 35kV		
总装机容量（MVA）	22.4		
变压器装机指标（VA/m²）	125		
实际运行平均值（W/m²）			
供电局开关站设置	□有　■无	面积（m²）	

C. 变电所设置

变电所位置	电压等级	变压器台数及容量	主要用途	单位面积指标（VA/m）
A 展区	10kV	2×1600kVA	照明电力空调	125
B 展区	10kV	2×2000kVA	照明电力空调	125
C 展区	10kV	2×2000kVA	照明电力空调	125
D 展区	10kV	2×2000kVA	照明电力空调	125
制冷站	10kV	2×2000kVA	空调设备	125

D. 柴油发电机设置

设置位置	电压等级	机组台数和容量	主要用途	单位面积指标（W/m²）
B1MF	0.4kV	25000kVA	消防负荷	10

E. 强电间设置

	楼层	面积（m²）	主要用途	备注
展厅强电间	BIMF	12	照明电力空调	8 间
35kV 配电室	BIMF	200	照明电力空调	1 个

F. 智能化机房及弱电间

	楼层	面积（m²）	主要用途	备注
运营商机房 1	B1	46	联通	
运营商机房 2	B1	46	电信	
运营商机房 3	B1	46	移动	
安防监控中心	B1	180	展览全区域	
有线电视机房	B1	130	展览全区域	
通信网络机房	B1	130	展览全区域	

G. 智能化系统设置

综合布线系统	水平 6 类 UTP	1557 只
通信系统	数字程控交换机	500 门
信息网络系统	二层网络架构	
有线电视网络和卫星电视接收系统	HFC 接入分配网	6 只
信息导引及发布系统	网络系统	10 只

G. 智能化系统设置		
广播系统	模拟系统	113 只
安全防范系统	入侵报警系统	总线型
	视频监控系统	数字系统
	出入口控制系统	
	一卡通系统	有
	电子巡更系统	离线式
	周界报警系统	有
无线对讲系统	分布式系统	3 台信道机，6 个频道
停车库管理系统		车库道闸一进一出 2 套。反向寻车：有
智能化集成系统	集成消防、安防、无线对讲、设备监控、能耗、信息发布等	
酒店管理系统	网络型	

供配电系统单线图：

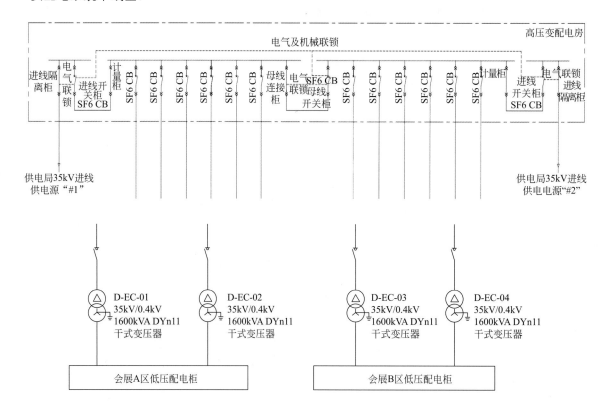

展厅展位配电平面图：

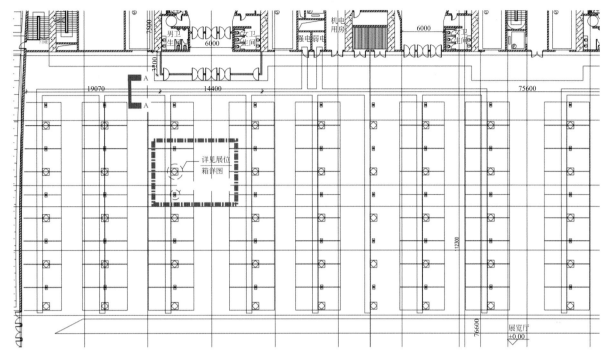

图示
强弱电插座箱井(内装数据及电话插座四个及双位电视插座2个，
16A单相插座六个，32A三相插座一个，63A三相插座一个)，详见展位箱详图。

主管沟详图：

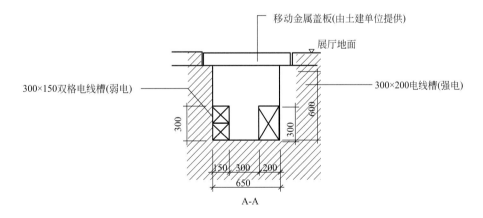

A-A

次管沟详图：

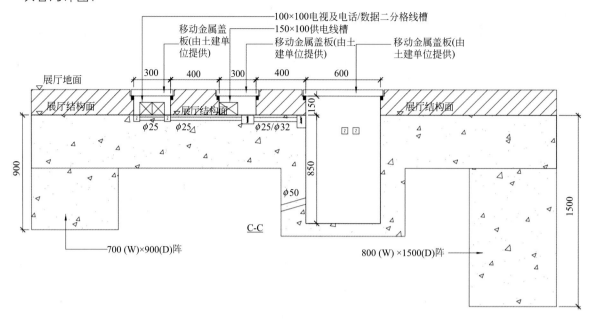

展位箱详图：

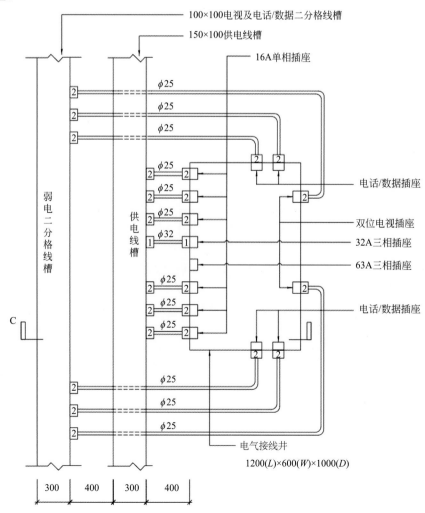

7. 南京国际博览中心

7.1 项目简介

南京国际博览中心由南京市河西新城区国有资产经营控股（集团）有限责任公司投资兴建，是美国TVS公司集合中西方建筑设计精髓之力作。博览中心拥有展览和会议两大功能，分为展馆、会议中心和配套服务设施三个部分，其总占地54公顷，融汇世界最新会展理念和南京地域特色，形成"虎踞龙盘"的独特建筑风格，气势磅礴，规模宏大。

7.2 工程概况

南京国际博览中心建筑面积36万m²，其中展览面积17万m²，总国际标准展位6000个，室外展览面积3万m²，停车位2500个。会议中心包括5000m²的多功能厅，800人报告厅，20间大小会议室，19间各式餐厅和一幢500间客房的4星级国际酒店。其他配套设施包括240间客房的经济型酒店，8200m²办公服务设施等。

总平面图：

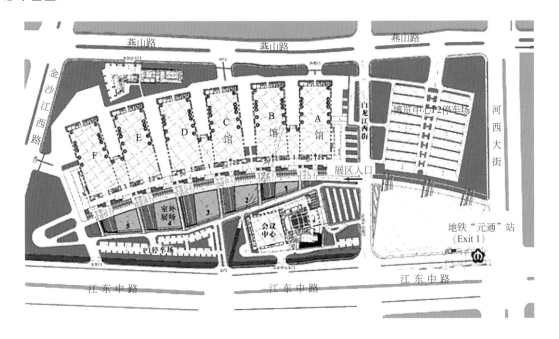

鸟瞰图：

A. 项目概况

项目所在地	江苏省南京市	
建设单位	南京河西新城国资控股（集团）有限责任公司	
总建筑面积	15 万 m²	
建筑功能（包含）	共享大厅、六大展区、地下室	
各分项面积及功能	共享大厅	
	展览	15 万 m²
	地下室	
建筑高度	不超过 24m	
设计时间	2012 年	
竣工时间	2016 年	

B. 供配电系统

申请电源	2 路 20kV		
总装机容量（MVA）	19.4		
变压器装机指标（VA/m²）	129		
实际运行平均值（W/m²）			
供电局开关站设置	□有　■无	面积（m²）	

C. 变电所设置

变电所位置	电压等级	变压器台数及容量	主要用途	单位面积指标（VA/m²）
地下室 B2 层 1# 变电所	20/0.4kV	2×1600kVA+2×2000kVA	1# 展馆及地下车库	
地下室 B2 层 2# 变电所	20/0.4kV	2×1600kVA+2×2000kVA	2# 展馆及地下车库	129
1 层 3# 变电所	20/0.4kV	路上展馆	路上展馆	

D. 柴油发电机设置

设置位置	电压等级	机组台数和容量	主要用途	单位面积指标 W/m²
无				

E. 强电间设置

	楼层	面积（m²）	主要用途	备注
地下室及其他各层	各层	6～10	照明电力空调	按防火分区设置，一个防火分区至少一个
展厅层		15～25	照明电力空调展览	一个展厅 4～5 间

F. 智能化机房和弱电间设置

	楼层	面积（m²）	主要用途	是否合用	备注
通信网络机房	一层（位于展馆一期）	120			
消防安保机房	一层（位于展馆一期）	125			
消防安保分控机房	一层	35			

注：是否合用是指消防控制室与安防监控中心或安防分控室的合用。

G. 智能化系统配置

系统名称	系统配置	备注
综合布线系统	布线类型：水平 6 类 UTP； 展厅：1 信息点 /1 个展位	
通信系统	虚拟电话交换机	
信息网络系统	系统架构：二层网络架构	
有线电视网络和卫星电视接收系统	系统型式：IPTV； 10 个终端	
信息导引及发布系统	系统型式：网络系统； 显示型式：液晶屏、LED 屏； 共计显示终端：176 只	
广播系统	系统型式：数字系统； 展厅为业务广播、紧急广播； 会议为背景音乐、业务广播、紧急广播	
安全防范系统	入侵报警：双监探测器 72 只求助报警按钮 30 只	
	视频监控：720P/1080P 摄像机共计 412 只	
	出入口控制：无	
	一卡通：无	
	电子巡查：无线巡更	
	周界报警：红外对射系统	
无线对讲系统	分布式系统，4 台信道机，8 个频道	
停车库管理系统	三进三出	

供配电系统单线图：

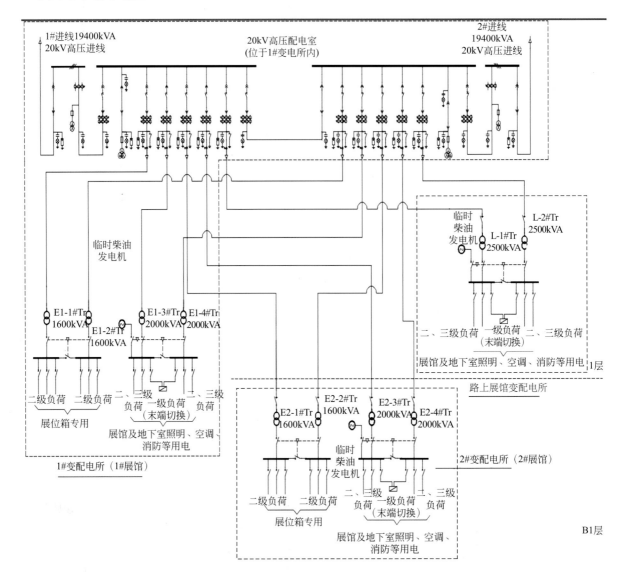

8. 上海城市规划展示馆

8.1 项目简介

    项目建设地点位于上海市黄浦区人民大道 100 号，东侧为西藏中路，南侧为人民大道，西侧紧邻上海市政府，北侧为人民公园。上海城市规划展示馆现有建筑面积（房产证面积）19963.94m²，地下 2 层，地上 5 层。于2000年年初建成，2000年2月25日正式对外开放。历经20余年，内部存在展示内容陈旧、展陈面积不足、设备设施老化等问题，目前承担上海对外宣传的重要窗口作用。上海城市规划展示馆（以下简称"规划展示馆"）是国内首家以展示城市规划与发展为主题的专业性场馆，在市委、市政府及相关委办局的关心与支持下，自 2000 年开馆以来，已接待超过 700 万人次的中外参观者（其中 60%以上是国外观众），得到了社会各界的一致好评，并先后被认定为国家 AAAA 级旅游景点、全国科普教育基地、上海市国际文化宣传交流基地、上海市爱国主义教育基地、上海市志愿者服务基地、沪港澳青少年交流教育基地，已经成为展示上海城市形象和上海城市发展成就的重要窗口之一。同时，为广大市民和国内外观众提供了了解上海城市发展信息的重要渠道，取得了良好的社会效益和行业影响力。规划展示馆开馆至今，入馆参观人数始终保持稳定。近五年，规划展示馆年入馆总人数基本保持在 20 余万人，年 VIP 接待任务较重。作为展示上海城市形象的对外窗口和公众了解城市建设和发展信息的重要渠道，规划展示馆每年承担巨大的接待任务，多年来处于超负荷使用状态，使用频率高加剧了设施设备的老化磨损。随着时代的不断发展，规划展示馆在空间布局、功能使用、设备设施等方面日渐无法满足现代展馆的建筑规范和运行要求，规划展示馆改扩建的需求日益凸显。

8.2 新建展馆工程概况

    本次拟对现有建筑进行改扩建，建设内容包括：拆除工程；楼层改扩建，局部增加楼层面积；结构加固；室内装饰工程；外立面改造、屋面改造；机电系统改造；室外总体改造等。改扩建后总建筑面积 22707.74m²（含城市通道 1268.62m²），其中：地上建筑面积 15157.17m²，地下建筑面积 7550.57m²。

8.3 展厅概况

    上海城市规划展示馆地上分为六层：一层为入口门厅，设检票安检区、参观者引导区、序厅（全球趋势与城市定位展区、国家战略与领导期望展区、总规历程与发展格局展区）以及市民愿景与公众参与互动区；一层夹层为参观者服务区域（医务室、母婴室）、城市规划文献展示区；二层为"人文之城"展厅，设有城市溯源展区、历史文化遗产保护展区、公共空间网络展区、公共服务展区、城市社区展区，以及城市实验室等互动区；三层为"创新之城"展厅，设数字沙盘模型、体现创新更迭

的上海展区、核心功能展区、国际 HUB 展区、区域辐射展区， 以及智慧城市体验等互动区；四层为
"生态之城"展厅，设绿色生态展区、环境质量展区、城市 DNA 展区、低碳循环城市展区、城市安
全展区，以及城市实验室等互动；五层为临展厅（上海大学生城市创意设计作品展）、规划成果多
媒体展示厅；六层为临展厅，设国内外城市规划最佳实践案例展；地下一层为临展厅、城市通道及设
备用房；地下二层为物业管理用房、仓储、设备用房、食堂及人防区域。通过此次展陈内容全面更
新和建筑装饰及设施设备的改造升级，解决上海城 市规划展示馆展示内容陈旧、展陈面积不足、设
备设施老化等问题，提升规划展示馆功能和服务能级，更好地匹配新形势下上海市形象展示窗口的
要求。

总平面图：

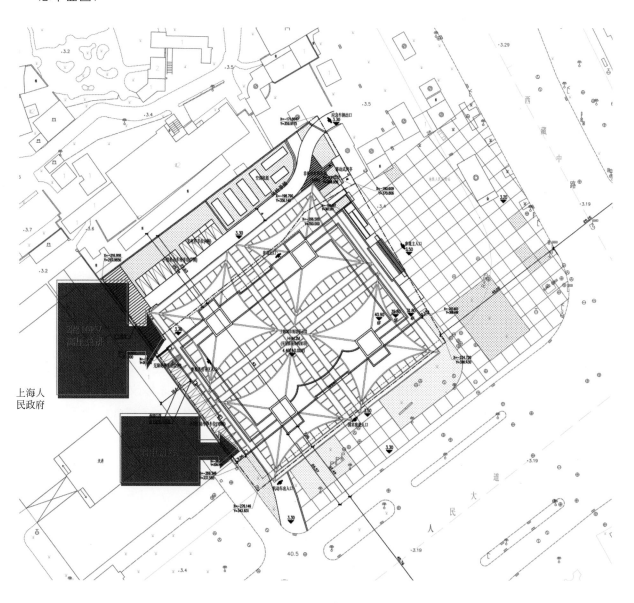

会展建筑电气及智慧设计关键技术研究与实践

鸟瞰图：

A. 项目概况

项目所在地		上海
建设单位		上海城市规划展示馆
展陈专业设计顾问		SBA 建筑设计事务所
总建筑面积		约 2.2 万 m²（含城市通道 1268.62m²）
建筑功能（包含）		序厅、展厅、数字沙盘、报告厅、车库
其中	地上	约 15157.17m²
	地下	约 6281.95m²
	城市通道	约 1268.62m²
设计时间		2020 年 4 月
竣工时间		2022 年 1 月

B. 供配电系统

申请电源	1 组 10kV		
总装机容量（MVA）	5.9		
变压器装机指标（VA/m²）	176		
实际运行平均值（W/m²）			
供电局开关站设置	□有 ■无	面积（m²）	

C. 变电所设置

变电所位置	电压等级	变压器台数及容量	主要用途	单位面积指标（VA/m²）
地下一层	10/0.4kV	2×2000kVA	照明电力空调	176

D. 柴油发电机设置

设置位置	电压等级	机组台数和容量	主要用途	单位面积指标（W/m²）
一层室外停车区域外接柴油发电车	0.4kV	1×500kW	重要工艺等应急负荷	20

E. 强电间设置

	楼层	面积（m²）	主要用途	数量	备注
楼层强电间	各层	5～11	照明电力空调	12 间	
展陈强电间	2～4、6	6～10	展陈设备	4 间	

F. 智能化弱电设备机房设置

三网及广电机房	地下一层	50m²		
数据信息机房	地下一层	95m²		
消防安保机房	地下二层	95m²		

G. 智能化系统配置

系统名称	系统配置	备注
综合布线系统	水平 6 类 UTP	2077 只
通信系统	数字程控交换机	200 门
信息网络系统	二层网络架构	
有线电视系统	HFC 接入分配网	
信息导引及发布系统	网络系统	28 只
广播系统	数字 + 模拟系统	403 只
入侵报警系统	总线型	双鉴探测器 40 只，求助按钮 9 只
视频监控系统	数字系统	1080P 摄像机共计 199 只
出入口控制系统	网络型	门禁读卡器 89 只
一卡通系统	有	
电子巡更系统	实时在线式	
周界报警系统	有	
无线对讲系统	分布式系统	2 台信道机，4 个频道
停车库管理系统	车库道闸一进一出 1 套；车位引导：无；反向寻车：无	
智能化集成系统	集成消防、安防、无线对讲、设备监控、能耗、信息发布等	

供配电系统单线图:

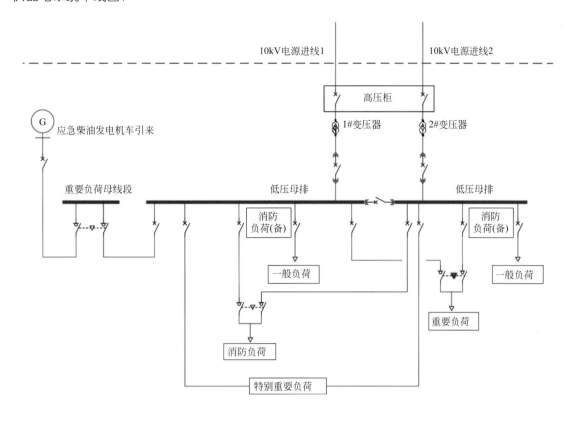

主要电气机房分布图:

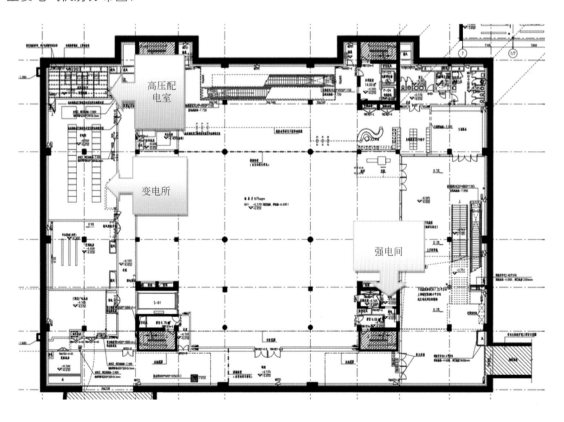

9. 张江科学会堂

9.1 项目简介

张江科学会堂是未来张江城市副中心区域首先出形象、出功能的标志性项目。高品质、高规格地建设张江科学会堂不仅是满足园区层面会展空间缺失的现实需求，也是建设世界一流科学城的功能需求、更是形成张江在更高层面科技创新影响力的需求。未来，张江科学会堂将成为大型国际峰会、创新论坛、产业论坛与国际知名科技文化讲坛的举办地，科学的观点将在这里交锋、智慧的火花将在这里迸发。此外，张江科学会堂还是一个互动及科教的平台，将成为展示科技魅力、创新前沿的国际化窗口与高品质、强专业性的知识共享平台。

9.2 工程概况

张江科学会堂项目位于上海东南的浦东新区内的张江科技园区，东临浦东机场。总用地面积39039.4m²，建筑面积为 116690m²，其中地上建筑面积61815m²，地下建筑面积54875m²。本建筑地上6层（其中一层有两个局部夹层，二层有一个局部夹层），地下2层，建筑高度50m；由首层主会场及二层的两个多功能厅、各类中小型会议室、餐饮服务、展览展示、贵宾接待、相应的辅助配套功能、室外活动场地和地下车库等功能组成。

本项目充分考虑了水平与垂直的人员流线问题，将主会场和多功能厅1分别设置于首层的西侧和二层的东侧，主会场使用面积5773m²，可以容纳2887（会议、宴会）或4330（展览）人，多功能厅1使用面积3444m²，可以容纳1722人。多功能厅2使用面积886m²，可以容纳443人。二层的多功能厅1和多功能厅2在广场北侧设置了独立的入口大厅，在入口广场西侧设置了主会场、中小型会议室的主要入口共享大厅。入口广场布置在基地东南角，连接了城市与科学会堂。

效果图：

A. 项目概况	
项目所在地	上海
建设单位	上海张江（集团）有限公司
总建筑面积	约 11.6 万 m²
建筑功能（包含）	会议、会展
设计时间	2019 年 6 月
竣工时间	2022 年 1 月

B. 供配电系统			
申请电源	2 组 10kV		
总装机容量（MVA）	10.4		
变压器装机指标（VA/m²）	90		
实际运行平均值（W/m²）			
供电局开关站设置	□有 ■无	面积（m²）	

C. 变电所设置

变电所位置	电压等级	变压器台数及容量	主要用途	单位面积指标（VA/m²）
1/T1、1/T2	10/0.4kV	2×2000kVA	二层及以上多功能厅、会议室	95
2/T1、2/T2	10/0.4kV	2×1600kVA	一层主会场及其辅助区域	95
3/T1、3/T2	10/0.4kV	2×1600kVA	地下车库、地下设备机房	80

D. 强电间设置

楼层	面积（m²）	主要用途	备注
各层	8～12m²/间	照明电力空调	57间

E. 智能化弱电设备机房和运用用房设置

	楼层	面积（m²）	主要用途	备注
弱电进线间	地下一层	16	弱电进线位置	2间
运营商机房1	地下一层	15		1间
运营商机房2	地下一层	13		1间
运营商机房3	地下一层	15		1间
通信机房	地下一层	76		1间
运营商通信5G机房	地下一层	47		1间
消防安保中心	地下一层	191		1间
智慧展示控制中心	一夹一层	74		1间

F. 智能化系统配置

系统名称	系统配置	备注
通信接入系统	• 会堂应具有各通信系统进线通道。 • 进线通道应有充分的冗余。 • 由会堂外进入会堂内的各系统应做防雷设计	
综合布线系统	• 需区分物业网、设备网、安防网。 • 所有主会场、多功能厅1、多功能厅2、各中小型会议室、办公区、各接待台、餐厅设等区域均有网络接口。 • 垂直主干线系统由连接主设备间与各管理子系统之间铺设干线光缆及大对数电缆。 • 数据、语音水平线缆均采用六类UTP线缆，线缆长度不超过90m。 • 信息面板（除特殊设计）一般采用86系列标准面板。 • 应保证能安全可靠使用15年以上	
计算机网络及无线Wi-Fi系统	• 物业网、设备网：应有物理隔离。单核心双引擎双电源、主干至少千兆、桌面千兆服务后勤区，设硬件防火墙、上网行为管理。 • 设备网：应有物理隔离。单核心双引擎双电源，主干千兆、桌面千兆（IBMS系统、BA系统、信息引导及发布系统等）。 • 在会堂各层设置若干个无线局域网的无线AP接入点，达到对会堂整个功能区域的完全覆盖。 • 覆盖会堂全部对客区域及后勤区。 • 后勤办公区全覆盖。 • 物业网、设备网隔离。 • 安防网单独设置（视频监控系统、报警系统、门禁系统、巡更系统等部署在安防网）。 • 采用802.11ac	

F. 智能化系统配置		
电话交换系统	• 预留综合布线点位、预留大对数主干电缆、110 配线架预留。后期由运营单位申请虚拟交换机业务	
移动通信覆盖系统	• 应具备单呼、组呼、群呼功能：适用于调度人员灵活调度。 • 对讲机信号应覆盖会堂全部区域，采用馈线方式。 • 需设置 6 个频段，三个中继台。 • 中继台设置在消防控制中心。 • 频率使用需要业主向当地无线管委会申请	
无线对讲系统	• 应具备单呼、组呼、群呼功能：适用于调度人员灵活调度。 • 对讲机信号应覆盖会堂全部区域，采用馈线方式。 • 需设置 4 个频段，两个中继台。 • 中继台设置在消防控制中心。 • 频率使用需要业主向当地无线管委会申请	
有线电视系统	• 预留综合布线点位、预留交换机网络接口、后期由运营。单位申请 IPTV 相关业务	
紧急广播与背景音乐系统	• 背景音乐系统范围是室外草坪及楼内公共区域。 • 采用数字系统。 • 系统设备安装在首层消防控制室	
视频监控系统	• 支持现有的视频格式、图片格式及常用的文本文件导入。 • 终端显示屏主要分布于会堂的公共区域包括：会堂大堂、前台、首层电梯厅前室、主会场及多功能厅门口等处。 • 各终端实现网络连接，各位置显示屏可同时播放不同画面。 • 远程控制播放机开机、关机、切换视频画面。 • 显示屏旁设 1 个数据点，电源点由机电单位提供。 • 采用数字网络监控系统。 • 室外、首层各主要出入口、走道、贵重物品存放处都采用 1080P 摄像机。 • 录像时间不少于 90 天。 • 电视墙间采用 LCD 拼接屏幕，轮巡显示或分割显示。 • 系统集中供电，提供后备 120min 供电时间	
入侵报警系统	• 前台、服务台、贵重物品存放、残卫、无障碍客房设手动报警按钮。 • 在生活水泵房、贵重物品存放室、财务部设置双鉴探测器。 • 预留 110 报警接口	
出入口控制系统	• 重要设备机房、员工通道设置出入口控制。 • 会议室出入口控制。 • 对外出口门	
电子巡更系统	• 在会堂建筑物内设电子巡更系统。 • 预先编制巡更软件程序。 • 采用离线巡更系统。 • 电子巡更管理主机设在消防控制室	
速通门及访客管理系统	是否具备：无； 应用场景：无	
安检系统	• 移动式	
停车库管理系统	• 地下室还设置车位引导及反向寻车系统	
信息发布系统	• 设置	
机房工程	• 设置	
综合管路系统	• 设置	
智能化系统集成管理平台	• 设置	

供配电系统单线图：

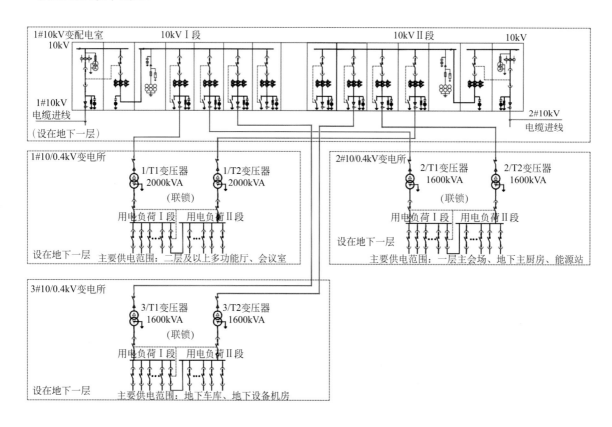

主要电气机房分布图：

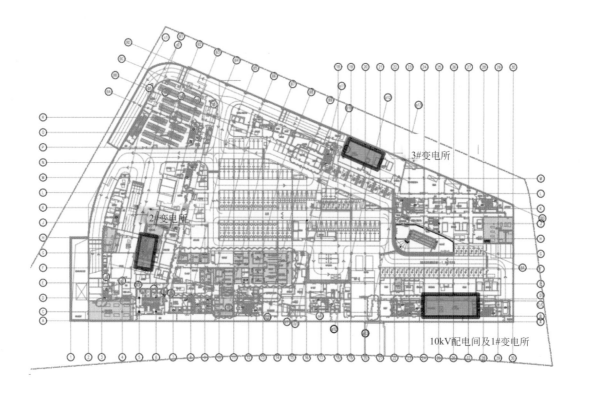

主要弱电机房分布图：

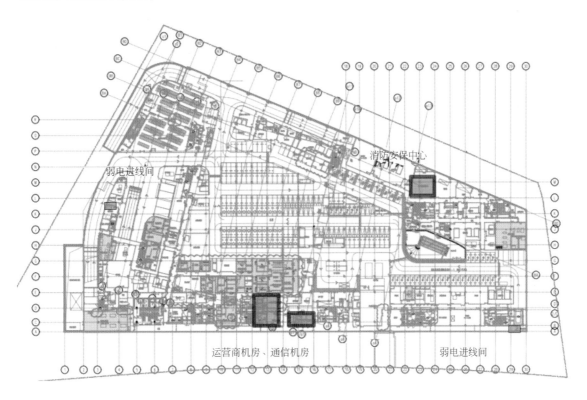

主会场展位箱：

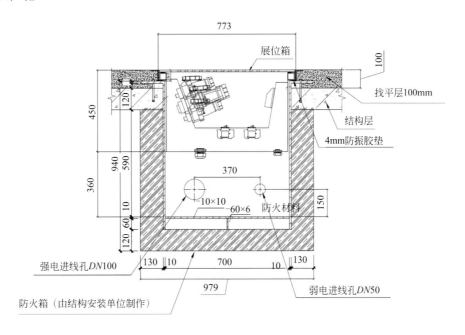

10. 安庆会展中心

10.1 项目简介

安庆会展中心作为圆梦新区的重要组成部分，集会议、接待、展览等功能为一体，辐射整个新区、整个城市乃至安徽全省，形成以会展中心为城市发展引擎的智慧型会展城。

本项目的功能：

（1）会议中心：总建筑面积为22000m²左右，包含一栋80m高塔楼及其裙房，容纳了会议、宴会、接待等功能。

（2）展览中心：一、二期7个展厅，一期建设5个展厅，建筑面积为42200m²左右，满足先期需求，包含展厅、共享大厅、会议、零售等功能。

（3）人防功能：地下人防按地面建筑面积6%标准配建，一、二期共需建筑面积约为4800m²。项目设计一、二期人防面积为5009m²（设三个人防分区），已与当地人防部门沟通并取得同意，设置于二期地下室。

10.2 会议中心工程概况

会议中心地上部分：

一层西南侧为大堂（会议及接待双大堂），南侧靠近主广场位置为早餐厅（兼对外运营），北侧面向内广场位置为多功能厅（可划分为三个小多功能厅使用），最北侧为两层通高的报告厅；

二层主要包含三部分功能：（1）位于东北侧的大宴会厅及其后勤用房；（2）宴会厅配套的包间及附属用房；（3）位于北侧的会展中心办公用房；

三层及以上均为办公用房，顶层为设备机房；

会议中心为80.15m（从室外地坪到幕墙顶），为一类高层建筑；

地下一层主要由卸货区、设备用房、机动车车库及接待部分后勤组成。

10.3 展览中心工程概况

展览中心主要分为两部分，位于南北主轴上的共享大厅及两侧的5个展厅。

其中共享大厅一层分为南北两端的登录厅以及中部的休息大厅，内置卫生间、寄存、问询、贵宾等功能；二层为会议及少量零售、餐饮等功能。

单个展厅净展面积约5600m²，可布置3×3m标准展位约280个，各展厅之间通过室外连廊及共享大厅相接，可变为2~3个展厅共同布展，灵活多变。展厅用地面综合管沟是现代化展厅的必要设施，它可以就近为展位提供电力、通信、供水、供气等服务。展厅地面管管沟和展位分隔的基本模式相对应，每隔9m平行于展位的排序方向布置。

会展为18.15m（从室外地坪到幕墙顶），为多层公共建筑。

总平面图：

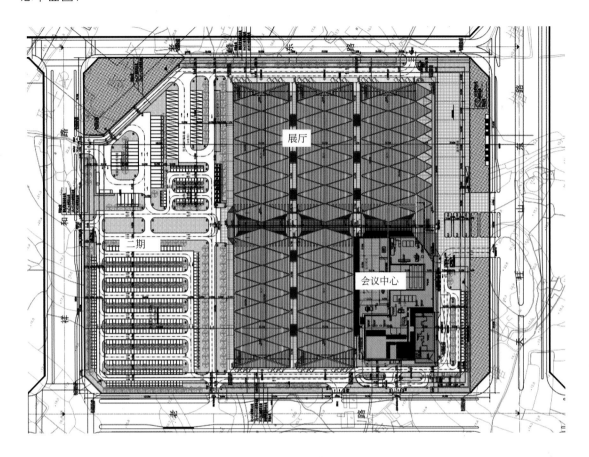

鸟瞰图：

A. 项目概况

项目所在地	安徽省安庆市
建设单位	安庆经济技术开发区财政投资建设工程管理中心
总建筑面积（一期）	73518.5m²
地上总建筑面积	64570.5m²
地下建筑面积	8948m²
建筑功能（包含）	会议中心、展览中心、地下车库
各分项面积及功能	会议中心 22122m²
	展览中心 41622m²
	停车库 8948m²
设计时间	2019 年 07 月
竣工时间	2022 年 01 月

B. 供配电系统

申请电源	4 组 10kV
总装机容量（kVA）	26310（包含二期预留 7200kVA）
变压器装机指标（VA/m²）	260
实际运行平均值（W/m²）	
供电局开关站设置	□有 ■无 面积（m²）

C. 变电所设置

变电所位置	电压等级	变压器台数及容量（kVA）	主要用途	单位面积指标（VA/m²）
B1F	10/0.4kV	2×1250+3×870	会展制冷站＋共享大厅	120
B1F	10/0.4kV	2×2000	会议中心＋地下室	130
1# 展厅屋面	10/0.4kV	2×1000	1# 展厅	240
2# 展厅屋面	10/0.4kV	2×1000	2# 展厅	240
3# 展厅屋面	10/0.4kV	2×1000	3# 展厅	240
4# 展厅屋面	10/0.4kV	2×1000	4# 展厅	240
5# 展厅屋面	10/0.4kV	2×1000	5# 展厅	240

D. 强电间设置

	楼层	面积（m²）	主要用途	位置	备注
会议中心	各层	6～8	照明电力空调	每个防火分区 1 个	27 间
地下室	B1F	8～10	照明电力空调	每个防火分区 1 个	7 间
展厅	1 层	8	照明电力空调	每个展厅 2 个，屋面各 1 个	15 间
登录大厅	1～3 层	8	照明电力空调	3 个 / 层	9 间

	楼层	面积（m²）	主要用途	位置	备注
会议中心及停车库弱电设备及运控用房					
运营商机房	B1	75	运营商主机房	—	1 间
弱电进线间	B1	20	进线	靠外墙	1 间
通信主机房	B1	80	主机房配线	—	1 间
消防安防监控中心	1F	65	会议中心消防控制室兼消防控制中心	—	1 间
弱电间	各层	6		都有	22 间
会展中心弱电设备及运控用房					
通信汇聚机房	在展厅的 1F 或 2F	60			5 间
消防安防值班室	1F	45	展览中心消防控制室	—	1 间
弱电间	各层	6		—	19 间

系统名称	系统配置
综合布线系统	布线类型：水平 6 类 UTP； 布点原则：展厅：4 信息点 /8 个展位、20 光纤点 / 展厅；酒店客房：3 个信息点 /135 个房间； 展厅信息点：1983 只、光纤点：912 只
通信系统	酒店：程控电话交换机 409 门
信息网络系统	系统架构：二层网络架构
有线电视网络和卫星电视接收系统	系统型式：IPTV； 节目源：酒店为中国电信 IPTV； 酒店电视终端：146 只
信息导引及发布系统	系统型式：网络系统； 显示型式：液晶屏、LED 屏； 共计显示终端：27 只
广播系统	系统型式：数字系统； 系统功能：展厅为业务广播、紧急广播；商业、酒店为背景音乐、业务广播、紧急广播； 展厅扬声器：578 只
安全防范系统	入侵报警：双监探测器 10 只；求助报警按钮 52 只
	视频监控：720P/1080P 摄像机共计 483 只
	出入口控制：门禁读卡器 174 只
	一卡通：集成门禁、考勤、停车等
	电子巡查：离线式
	周界报警：无
无线对讲系统	分布式系统，3 台信道机，8 个频道
酒店管理系统	网络型
停车库管理系统	车库道闸一进一出 4 套，双进双出 4 套 反向寻车：无
智能化集成系统	集成消防、安防、无线对讲、设备监控、能耗、信息发布等

平面功能布局图：

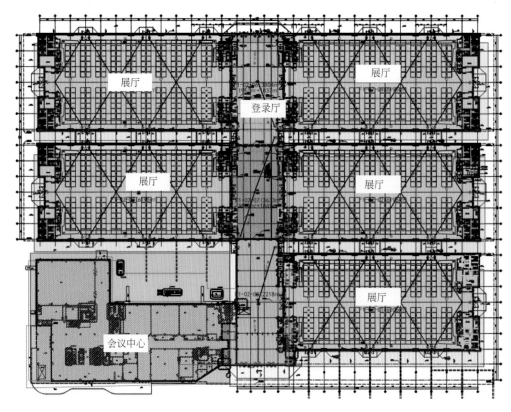

供配电系统单线图：

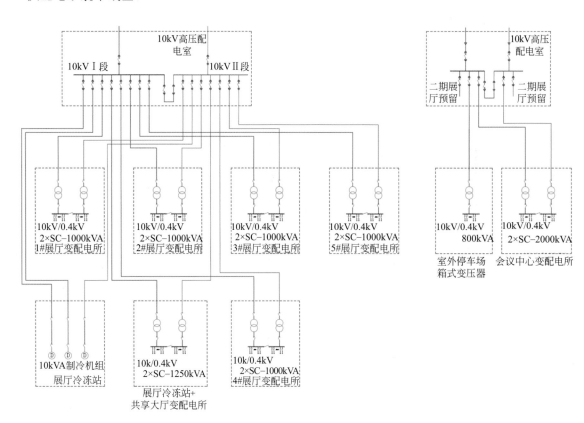

主要电气机房分布图：

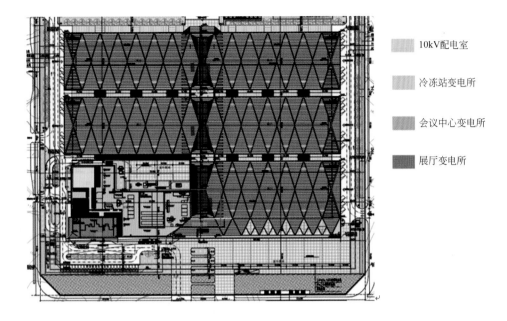

10kV配电室

冷冻站变电所

会议中心变电所

展厅变电所

主要弱电机房、安保监控中心布图：

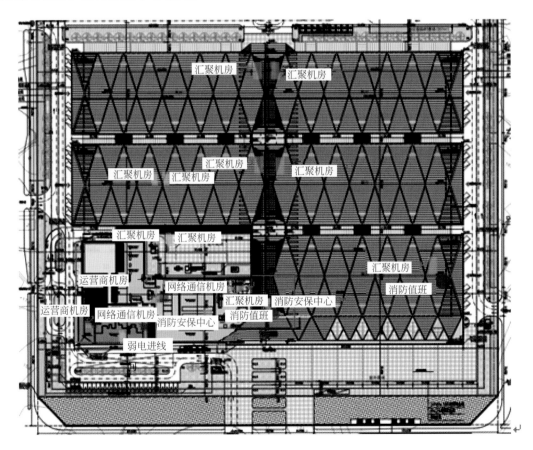

展览配电：

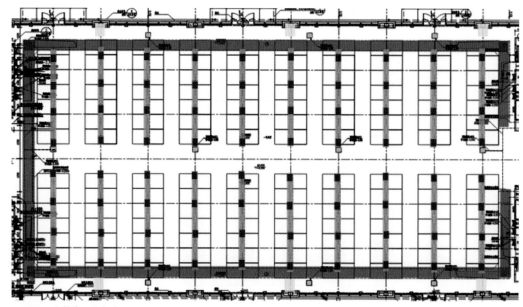

■ 主管沟，沿长边及四
周沟通一半设置

■ 次管沟，按9m间距设置

■ 电气综合展位箱，6m间距布置

□ 落地展位箱，沿展厅长边
36m间距布置

综合管廊桥架规划及典型剖面：

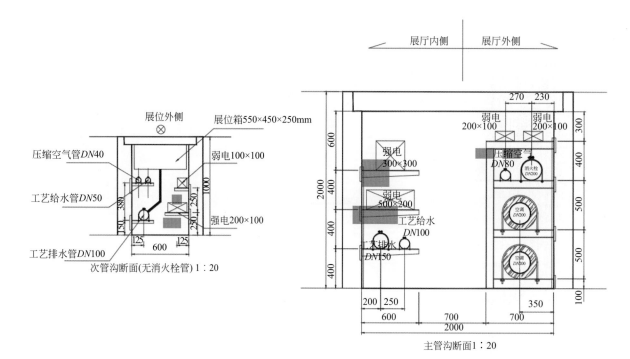

次管沟断面(无消火栓管) 1：20

主管沟断面1：20

11. 武汉天河国际会展中心

11.1 项目简介

本项目位于武汉黄陂临空经济区核心，该项目将以百万方会展会议为核心、创新型国际贸易港为载体，依托武汉临空经济区的枢纽优势和产业集群，全力打造集聚展览、贸易、会议、商务、文化、旅游、居住等功能为一体的国际会展商务新城。

本项目将建成世界级综合性会展中心，作为连接武汉与世界的窗口，成为武汉国家中心城市、国家发展战略的重要平台和战略支点，作为未来承担国际、国家重要展会的主场馆，与武汉国际博览中心（片区级会展中心）及专业场馆共同构建武汉市"1+1+N"的会展体系。遵循"以人为本、布局合理、功能完善、设施先进、环境协调、富有前瞻"的设计原则，形成具有武汉地方特色和个性的城市新地标建筑。

11.2 工程概况

本项目规划总用地面积约1km^2，会展中心用地面积约1500亩，主要建设内容包括会展中心主体场馆和酒店、办公、商业等配套服务设施两部分。会展中心项目净展面积45万m^2，会展面积90万m^2，户外展场3万m^2，建成后将成为中部最大、全国前三的会展中心，打造全球最大室内净展面积会展标杆。两个净高15m净展面积达2万m^{2}的多功能展厅，将整体打造成为集展览、会议、演艺及赛事于一体的大型会展综合体。

鸟瞰图：

A. 项目概况

项目所在地		湖北武汉
建设单位		武汉申绿国展实业有限公司
总建筑面积		约 99 万 m²
建筑功能（包含）		展览中心、多功能展厅、会展附属用房、车库、能源站
各分项面积及功能	展览中心	约 43 万 m²
	多功能展厅	约 1.2 万 m²
	会展附属用房	约 45 万 m²
	车库	约 8.74 万 m²
	能源站	约 1.06 万 m²
设计时间		2021 年 03 月
竣工时间		2023 年

B. 供配电系统

申请电源		12 组 10kV
总装机容量（MVA）		131.4
变压器装机指标（VA/m²）		133
实际运行平均值（W/m²）		
供电局开关站设置	□有 ■无	面积（m²）

C. 变电所设置

变电所位置	电压等级	变压器台数及容量	主要用途	单位面积指标（VA/m²）
位于 Z1#2 层	10/0.4kV	2×1250kVA	Z1 标准展馆照明电力空调及展位箱用电	233
位于 P1#1 层	10/0.4kV	2×1250kVA	P1 停车楼及北侧一期地库照明电力及充电桩	111
位于 Z2#2 层	10/0.4kV	2×1250kVA	Z2 标准展馆照明电力空调及展位箱用电	233
位于 Z3#2 层	10/0.4kV	2×1250kVA	Z3 标准展馆照明电力空调及展位箱用电	233
位于 Z4#2 层	10/0.4kV	2×1250kVA	Z4 标准展馆照明电力空调及展位箱用电	251
位于 Z5#2 层	10/0.4kV	2×1600kVA +2×1250kVA	Z5 超大展馆照明电力空调及展位箱用电	256
位于 Z6#2 层	10/0.4kV	2×1000kVA	Z6 标准展馆照明电力空调及展位箱用电	235
室外展场	10/0.4kV	2×800kVA	室外展场展位箱用电	—
位于北侧能源站 B1F 层	10/0.4kV	4×1600kVA	能源站照明电力空调及能源设备用电	1207
北侧地下车库变电所	10/0.4kV	2×1600kVA	T1 停车楼及北侧二期地下车库照明电力及充电桩	111
位于 Z13#2 层	10/0.4kV	2×1250kVA	Z13 标准展馆照明电力空调及展位箱用电	233

C. 变电所设置				
位于 Z14#2 层	10/0.4kV	2×2000kVA	Z14 双层展馆照明电力空调及展位箱用电	190
位于 Z15#2 层	10/0.4kV	2×2000kVA	Z15 双层展馆照明电力空调及展位箱用电	190
位于 Z16#2 层	10/0.4kV	2×2000kVA	Z16 双层展馆照明电力空调及展位箱用电	183
位于 Z17#2 层	10/0.4kV	2×2000kVA	Z17 双层展馆照明电力空调及展位箱用电	195
位于 Z18#2 层	10/0.4kV	2×2000kVA	Z18 双层展馆照明电力空调及展位箱用电	183
位于 Z19#2 层	10/0.4kV	2×2000kVA	Z19 双层展馆照明电力空调及展位箱用电	229
D2 登录厅一层变电所	10/0.4kV	2×800kVA	D2 登录厅照明电力空调	226
位于 Z12#2 层	10/0.4kV	2×1250kVA	Z12 标准展馆照明电力空调及展位箱用电	233
位于 P2#1 层	10/0.4kV	2×1250kVA	P2 停车楼及南侧一期地库照明电力及充电桩	111
位于 Z10#2 层	10/0.4kV	2×1250kVA	Z10 标准展馆照明电力空调及展位箱用电	233
位于 Z11#2 层	10/0.4kV	2×1250kVA	Z11 标准展馆照明电力空调及展位箱用电	233
位于 Z7#2 层	10/0.4kV	2×1250kVA +2×1000kVA	Z7 超大展馆展馆照明电力空调及展位箱用电	214
位于 Z9#2 层	10/0.4kV	2×1600kVA	Z9 标准展馆照明电力空调及展位箱用电	233
位于 Z8#2 层	10/0.4kV	2×1250kVA	Z8 标准展馆照明电力空调及展位箱用电	233
D1 登录厅一层变电所	10/0.4kV	2×800kVA	D1 登录厅照明电力空调	226
位于南侧能源站 B1F 层	10/0.4kV	4×1600kVA	南侧能源站照明电力空调及能源设备用电	1207
南侧地下车库变电所	10/0.4kV	2×2000kVA	T2 停车楼及南侧二期地下车库照明电力及充电桩	111
位于 Z26#2 层	10/0.4kV	2×1250kVA	Z26 标准展馆照明电力空调及展位箱用电	233
位于 Z24#2 层	10/0.4kV	2×2000kVA	Z24 双层展馆照明电力空调及展位箱用电	183
位于 Z25#2 层	10/0.4kV	2×2000kVA	Z25 双层展馆照明电力空调及展位箱用电	183
位于 Z22#2 层	10/0.4kV	2×2000kVA	Z22 双层展馆照明电力空调及展位箱用电	183
位于 Z23#2 层	10/0.4kV	2×2000kVA	Z23 双层展馆照明电力空调及展位箱用电	195
位于 Z20#2 层	10/0.4kV	2×2000kVA	Z20 双层展馆照明电力空调及展位箱用电	183
位于 Z21#2 层	10/0.4kV	2×2000kVA	Z21 双层展馆照明电力空调及展位箱用电	229
室外展场	10/0.4kV	2×800kVA	室外展场展位箱用电	—
南侧能源站		4 台 1250kVA 高压冷机	南侧能源站高压冷机	—
北侧能源站		4 台 1250kVA 高压冷机	北侧能源站高压冷机	—

会展建筑电气及智慧设计关键技术研究与实践

D. 柴油发电机设置

设置位置	电压等级	机组台数和容量	主要用途	单位面积指标（W/m²）
位于北侧能源站 B1F 层	10kV	2×1000kW（常载）	消防及特别重要负荷	4
位于南侧能源站 B1F 层	10kV	2×1000kW（常载）	消防及特别重要负荷	4

E. 强电间设置

	楼层	面积（m²）	主要用途	备注
标准展馆	各层	5～10	照明电力空调	每个防火分区一个，辅房区域的宜上下对齐，变电所所在分区的主管井强电间面积不小于 10m²
	一层	8～25	展位柜强电间	展厅长边两侧辅房区域各均匀布置三个展位柜强电间，便于管线敷设至就近展位箱
超大展馆	各层	5～10	照明电力空调	每个防火分区一个，辅房区域的宜上下对齐，变电所所在分区的主管井强电间面积不小于 10m²
	一层	15～60	展位柜强电间	展厅长边两侧辅房区域各均匀布置三个展位柜强电间，便于管线敷设至就近展位箱
双层展馆	各层	5～10	照明电力空调	每个防火分区一个，辅房区域的宜上下对齐，变电所所在分区的主管井强电间面积不小于 10m²
	一层及三层	15～60	展位柜强电间	一层及三层展厅长边两侧辅房区域各均匀布置三个展位柜强电间，便于管线敷设至就近展位箱
登录厅	各层	5～10	照明电力空调	每个防火分区一个，宜上下对齐
停车楼	各层	5～10	照明电力空调	每个防火分区一个，宜上下对齐

F. 智能化机房配置

展厅、登录厅、车库

	楼层	面积（m²）	主要用途	备注
运营商机房	一层	75	展厅、登录厅、车库	一期二期各设一处
弱电进线间	一层	20	展厅、车库	每个展厅、车库各设置一处
通信主机房	一层	180	展厅、登录厅、车库	一期二期各设一处
通信汇聚机房	二层	60	展厅	每个展馆设置一处
消防控制室（主控）	一层	160	展厅、登录厅、车库	D1、D2 登录厅分别设置对应一期及二期总消防控制室
消防控制室（分控）	一层	80	展厅、登录厅、车库	每四个标准展馆设置一个分消控室

G. 智能化系统配置

系统名称	系统配置	备注
综合布线系统	水平 6 类，垂直万兆光纤	
通信系统	采用运营商虚拟交换机	
信息网络系统	2 层网络，接入层采用千兆交换机，核心层采用万兆交换机	
有线电视网络和卫星电视接收系统	有线电视采用运营商 IPTV 系统，卫星电视未配置	
信息导引及发布系统	在电梯厅及每个展馆门口设置 22 寸显示屏；大堂，共享大厅等处设置 LED 大屏	
广播系统	项目区域内设置公共广播及紧急广播系统	
综合安放系统	入侵报警系统：重要机房及重点部位设置入侵报警探测器； 视频监控系统：各出入口及重点部位设置视频监控系统； 出入口控制系统：重要机房及重点部位设置门禁终端； 一卡通系统：门禁，消费等采用一卡通管理； 电子巡更系统：采用无线巡更系统	
无线对讲系统	采用 350M 及 400M 对讲覆盖系统，配置 4 信道	
停车库管理系统	项目车辆管理通道数共 8 进 8 出均为室外通道	
智能化集成系统	项目配置 3 维系统集成管理系统	

平面功能布局图：

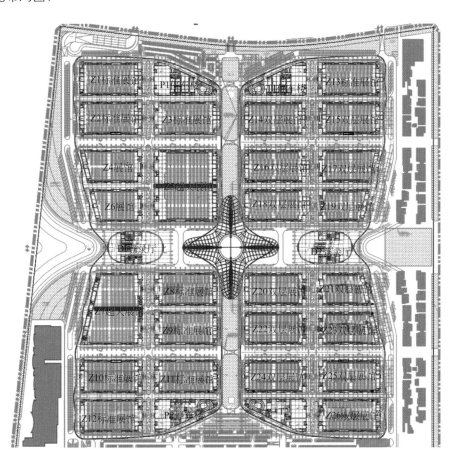

供配电系统单线图:

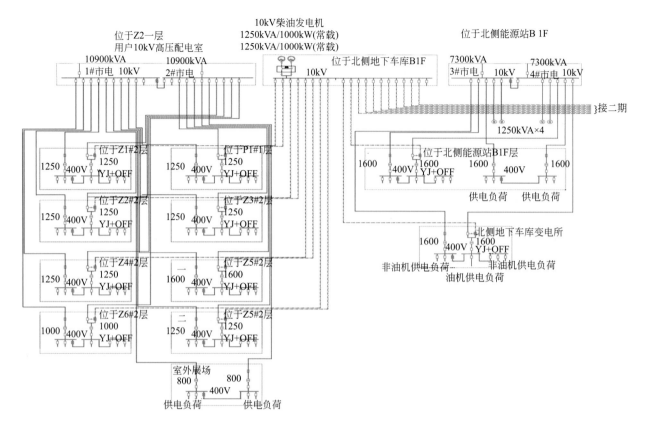

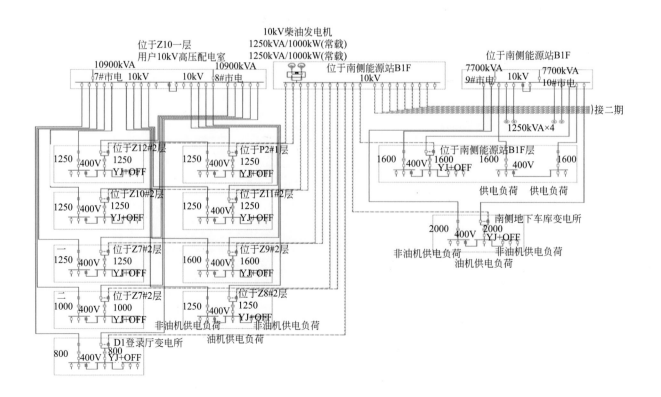

会展建筑电气及智慧设计关键技术研究与实践

主要电气机房分布图：

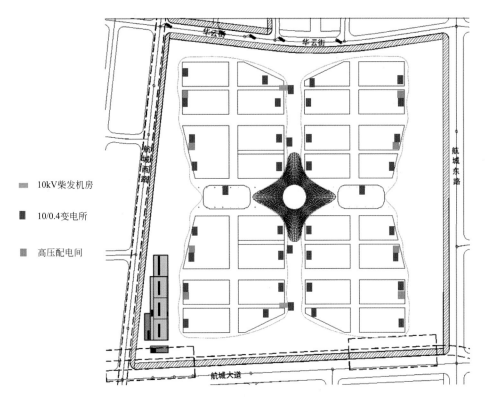

- ■ 10kV柴发机房
- ■ 10/0.4变电所
- ■ 高压配电间

主要弱电机房分布图：

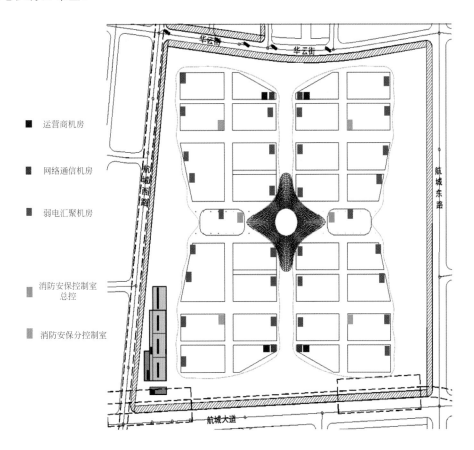

- ■ 运营商机房
- ■ 网络通信机房
- ■ 弱电汇聚机房
- ■ 消防安保控制室
  总控
- ■ 消防安保分控制室

室外总体管线路由:

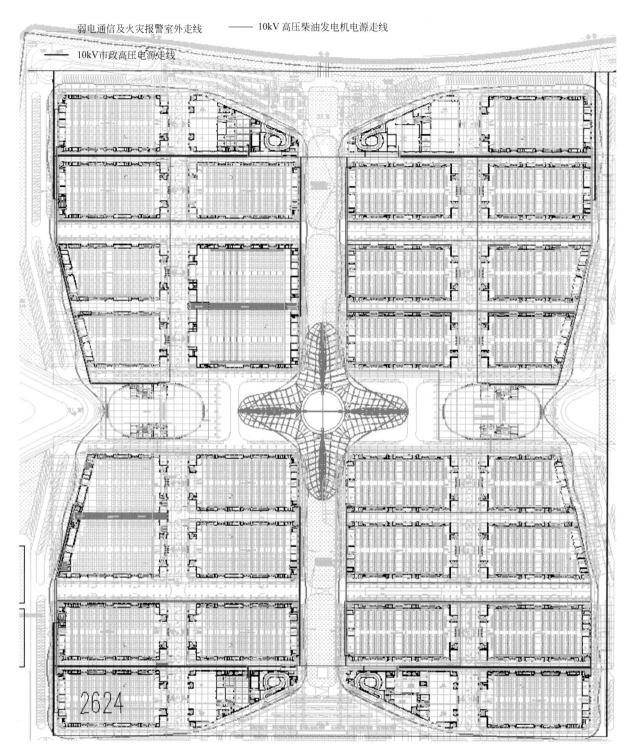

弱电通信及火灾报警室外走线　　━━━ 10kV 高压柴油发电机电源走线

━━━ 10kV市政高压电源走线

会展建筑电气及智慧设计关键技术研究与实践

2624

展览配电：

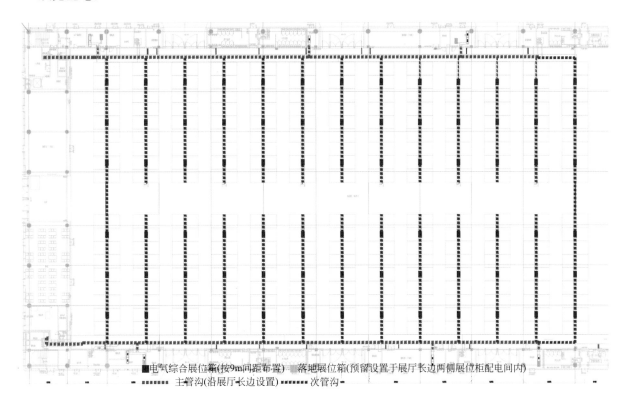

■电气综合展位箱(按9m间距布置)　　落地展位箱(预留设置于展厅长边两侧展位柜配电间内)
▪▪▪▪▪主管沟(沿展厅长边设置)▪▪▪▪▪次管沟

展厅主管沟：

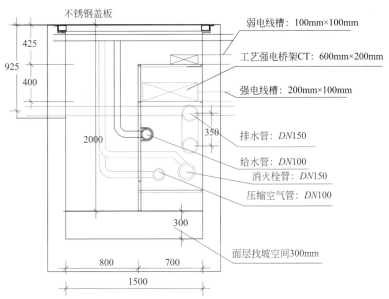

不锈钢盖板

弱电线槽：100mm×100mm

工艺强电桥架CT：600mm×200mm

强电线槽：200mm×100mm

排水管：DN150

给水管：DN100

消火栓管：DN150

压缩空气管：DN100

面层找坡空间300mm

425
925
400
2000
350
300
800　700
1500

管沟尺寸：1500mm×2000mm(h)

展厅次管沟：

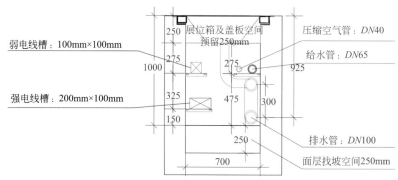

支管沟尺寸：700mm×1000mm(h)

标准展厅机电综合管线典型剖面：

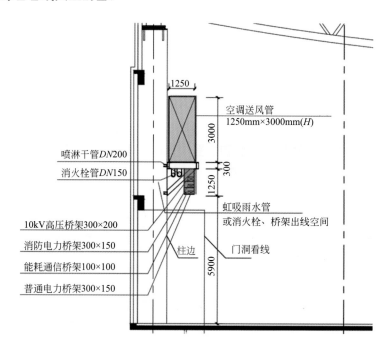

会展建筑电气及智慧设计关键技术研究与实践

12. 绿地中国丝路国际科技会展中心（兰州）

12.1 项目简介

本项目位于兰州新区的中部位置，地理位置优越，同时基地距离中川机场直线距离5.2km，距离新区南站8.4km，周边交通便利，高铁、机场、高速等多重立体交通为区域带来无限的发展机会与人流。

项目用地周边分布众多交通站点，根据公交站点所在道路等级分为500m服务范围与300m服务范围，基本涵盖用地周边区域，较好地满足了用地及周边的公共交通要求。

本项目基地东西长达1126m，南北距离为200m，北侧为兰州新区市民广场和兰州新区综合服务中心，西北侧为甘肃循环经济展览馆，与中国丝路国际科技展览中心共同构成兰州新区的核心片区。

12.2 工程概况

本项目用地面积221915.88m²，基地东西长达1126m，南北距离为200m。设计分为二期建设，一期包含1~6号六个展厅及其相连的过厅、连廊和次登录大厅，建筑面积为71560.3m²。二期包含7~12号六个展厅及其相连的过厅、连廊和主登录大厅。

本项目为单体建筑，一期包含六个展厅（1~6号），六个展厅在立面造型上基本保持一致，其中1/2/5/6四个展厅在平面尺寸上基本保持一致，净展面积均为6851m²，布置国际标准展位338个；3/4号净展面积为6086m²，布置国际标准展位292个。展厅公区包含了西登录厅、过厅以及连廊，内置卫生间、寄存、问询、贵宾等功能。

总平面图：

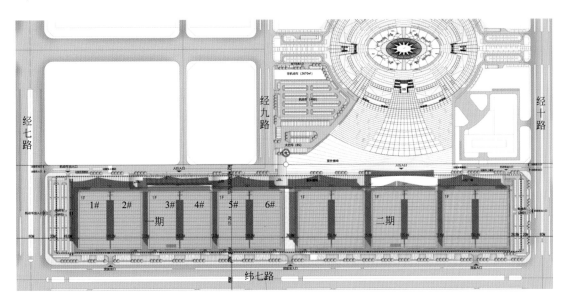

鸟瞰图：

A. 项目概况

项目所在地	甘肃兰州
建设单位	兰州新区绿地丝路会展科技有限公司
总建筑面积	一期 71560.3m²
建筑功能（包含）	标准展厅
各分项面积及功能　标准展厅	71560.3m²
设计时间	2020 年 05 月
竣工时间	2022 年

B. 供配电系统

申请电源	2 组 10kV		
总装机容量（MVA）	15.2		
变压器装机指标（VA/m²）	214		
实际运行平均值（W/m²）			
供电局开关站设置	□有 ■无	面积（m²）	

C. 变电所设置

变电所位置	电压等级	变压器台数及容量	主要用途	单位面积指标（VA/m²）
1# 展馆 1F	10/0.4kV	2×1000kVA	1# 标准展馆照明电力空调及展位箱用电	193
2# 展馆 2F	10/0.4kV	2×1000kVA	2# 标准展馆照明电力空调及展位箱用电	193
3# 展馆 1F	10/0.4kV	2×1600kVA	1~6# 展馆公区登录厅、过厅及公共设备用电	474
3# 展馆 2F	10/0.4kV	2×1000kVA	3# 标准展馆照明电力空调及展位箱用电	197
4# 展馆 2F	10/0.4kV	2×1000kVA	4# 标准展馆照明电力空调及展位箱用电	197
5# 展馆 1F	10/0.4kV	2×1000kVA	5# 标准展馆照明电力空调及展位箱用电	193
6# 展馆 1F	10/0.4kV	2×1000kVA	6# 标准展馆照明电力空调及展位箱用电	193

D. 柴油发电机设置

设置位置	电压等级	机组台数和容量	主要用途	单位面积指标（W/m²）
4# 展馆 1F	0.4kV	1 台 823kW（常载）	消防及特别重要负荷	11.5

E. 强电间设置

	楼层	面积（m²）	主要用途	备注
标准展馆	各层	5～15	照明电力空调	每个防火分区一个，辅房区域的宜上下对齐，变电所所在分区的主管井强电间面积不小于 10m²
	一层或二层	50～60	展位柜强电间	每个展厅设备辅助用房区域变电所附近设置一展位柜配电间
登录厅及过厅	一层	5～12	照明电力空调	每个防火分区一个，变电所所在分区的主管井强电间面积不小于 10m²

F. 智能化机房配置

	楼层	面积（m²）	主要用途	备注
运营商机房	一层	60	展厅、登录厅	一期设两处
弱电进线间	一层	15	展厅	每个展厅各设置一处
通信主机房	一层	80	展厅、登录厅	一期设一处
通信汇聚机房	一层	25	展厅	每个展厅设置一处
消防控制室	一层	100	展厅、登录厅	一期设置一处作为地块消防总控制室

G. 智能化系统配置

系统名称	系统配置	备注
综合布线系统	水平 6 类，垂直万兆光纤	
通信系统	采用运营商虚拟交换机	
信息网络系统	2 层网络，接入层采用千兆交换机，核心层采用万兆交换机	
有线电视网络和卫星电视接收系统	有线电视采用运营商 IPTV 系统，卫星电视未配置	
信息导引及发布系统	在电梯厅及每个展馆门口设置 22 寸显示屏；大堂，共享大厅等处设置 LED 大屏	
广播系统	项目区域内设置公共广播及紧急广播系统	
综合安放系统	入侵报警系统：重要机房及重点部位设置入侵报警探测器； 视频监控系统：各出入口及重点部位设置视频监控系统； 出入口控制系统：重要机房及重点部位设置门禁终端； 一卡通系统：门禁，消费等采用一卡通管理； 电子巡更系统：采用无线巡更系统	
无线对讲系统	采用 350M 及 400M 对讲覆盖系统，配置 4 信道	
停车库管理系统	项目车辆管理通道数共 8 进 8 出均为室外通道	
智能化集成系统	项目配置 3 维系统集成管理系统	

供配电系统单线图：

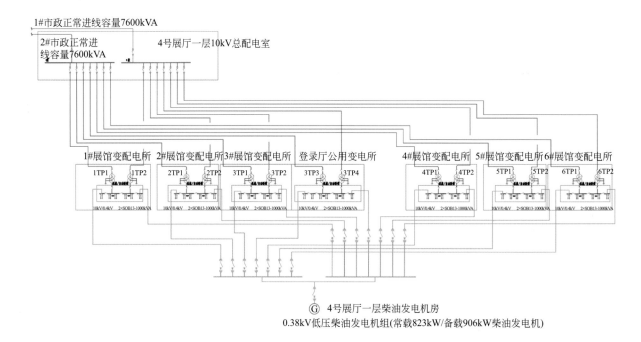

4号展厅一层柴油发电机房
0.38kV低压柴油发电机组(常载823kW/备载906kW柴油发电机)

主要电气机房分布图：

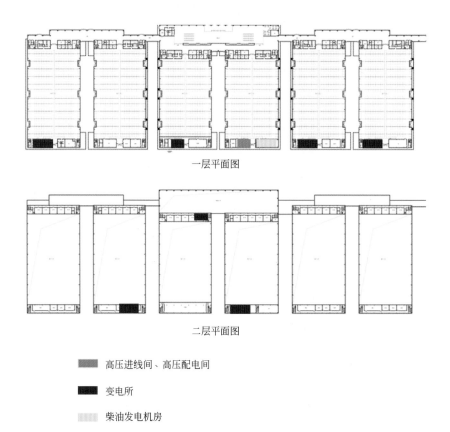

一层平面图

二层平面图

▓ 高压进线间、高压配电间

■ 变电所

▒ 柴油发电机房

展览配电：

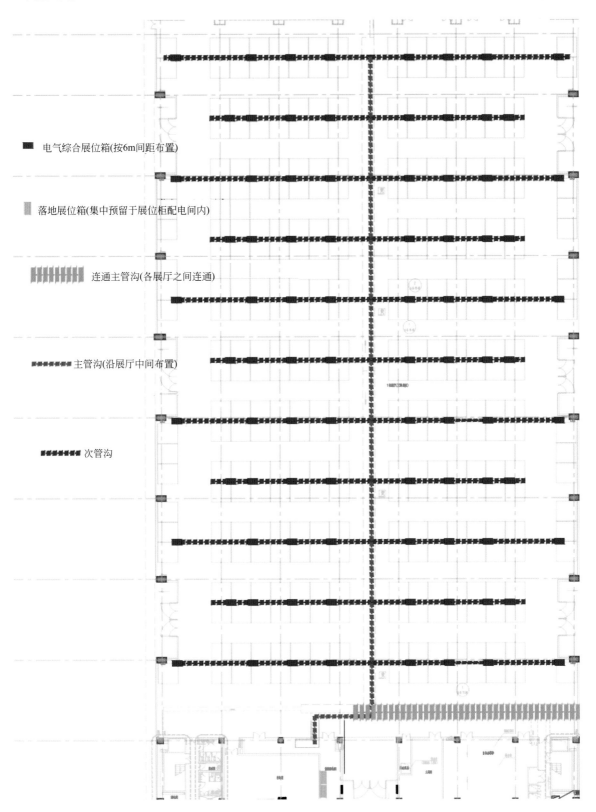

■ 电气综合展位箱(按6m间距布置)

▨ 落地展位箱(集中预留于展位柜配电间内)

▧▧▧▧▧ 连通主管沟(各展厅之间连通)

■■■■■ 主管沟(沿展厅中间布置)

■■■■■ 次管沟

展厅连通管沟:

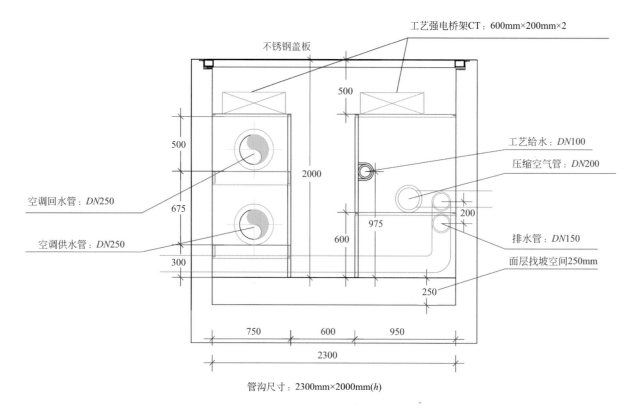

管沟尺寸: 2300mm×2000mm(*h*)

展厅主管沟:

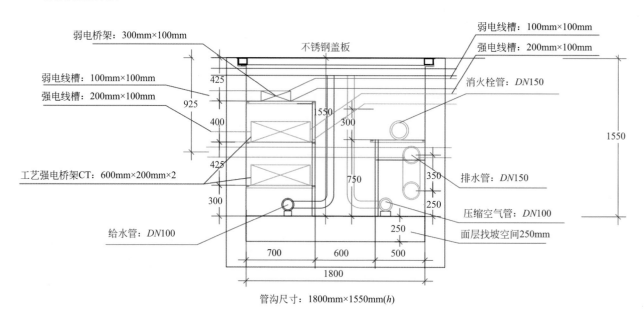

管沟尺寸: 1800mm×1550mm(*h*)

展厅次管沟：

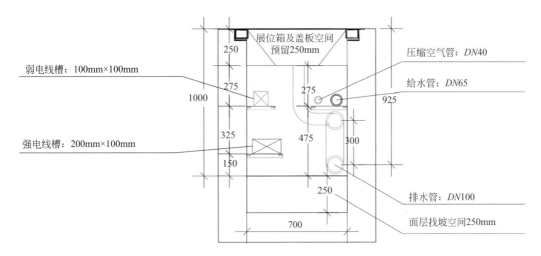

弱电线槽：100mm×100mm

强电线槽：200mm×100mm

展位箱及盖板空间预留250mm

压缩空气管：DN40

给水管：DN65

排水管：DN100

面层找坡空间250mm

支管沟尺寸：700mm×1000mm(*h*)

标准展厅机电综合管线典型剖面：

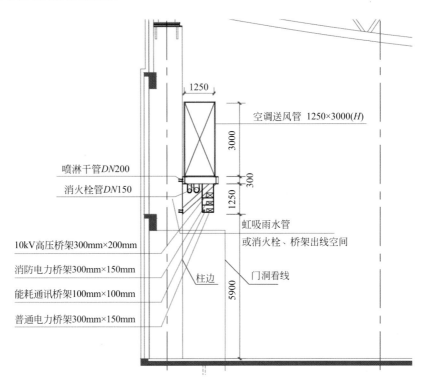

空调送风管 1250×3000(*H*)

喷淋干管*DN*200

消火栓管*DN*150

10kV高压桥架300mm×200mm

消防电力桥架300mm×150mm

能耗通讯桥架100mm×100mm

普通电力桥架300mm×150mm

柱边

虹吸雨水管
或消火栓、桥架出线空间

门洞看线

跋

会展建筑作为现代化城市中的一个标志性建筑，是城市综合经济实力的体现，是交流互通的场所，是国与国或地区与地区之间的贸易平台，也是经济文化的集聚地。会展建筑的建筑特征是大体量、多功能、人流密度大、物业管理复杂，对于电气设计人员而言，会展建筑用电负荷大，临时用电负荷大，用电需求变化大，空间巨大，对消防、人员疏散等要求也较高，大体量也带来运营管理的复杂，所以对电气及智能化来说提出了很高的要求。

作为本书的副主任之一，我有幸参与了国内多项大型会展建筑设计与建设的实践工作，其中给我印象最深的就是2011年开始设计的国家会展中心（上海）项目，从建筑方案起，作为电气专业负责人就开始参与供电电压的确定，供电方案的反复论证，展厅用电负荷预留，展位沟、展位箱位置，形式定案，大空间消防系统的选择等等，设计团队投入了无数精力，见证了项目设计与建设的全过程，建成后获得了业主的一致好评。2018年国家会展中心（上海）项目又升级改造作为进口博览会的场馆，我作为一名设计师倍感自豪，该项目先后荣获中国建筑学会电气设计一等奖、中国勘察协会建筑智能化设计一等奖、中国勘察设计协会电气设计二等奖、上海市勘察设计优秀设计一等奖等多项荣誉。

本书主任——中国建筑学会建筑电气分会理事长、华东院电气总工程师沈育祥召集、组织华东院的机电专业技术骨干团队，基于华东院在会展建筑设计领域的丰富实践经验，以及在权威期刊上发表的多篇相关技术论文，对会展建筑项目的电气与智慧设计关键技术进行梳理、总结与归纳，反复推敲，几易其稿，于2022年5月底编撰完成了这本《会展建筑电气及智慧设计关键技术研究与实践》。

　　本书从研究和实践两个方面，对会展建筑电气及智慧设计中的关键技术进行了多维度的详细阐述。研究篇分为会展建筑电气及智慧设计要点、会展建筑供配电系统、会展建筑照明设计研究、会展建筑防雷与接地、会展建筑电气防灾研究、会展建筑物业管理及维护、会展建筑的"双碳"技术应用、会展建筑智慧设计、国家级会议会展中心等9个章节。实践篇汇集了华东院设计的十多个超高层建筑优秀项目案例。具有系统性强、结构严谨、技术先进、实践性强等特点，可供从事进行会展建筑电气技术理论研究和工程实践的工程技术人员、电气设计师参考和借鉴，也可作为高等院校相关专业师生参考阅读。

　　在本书的编撰过程中，得到了华建集团和华东院领导的大力支持。同时，各位编者认真撰写每一个章节，反复斟酌修改，为本书的编制及顺利出版付出了辛勤的劳动，在此一并表示感谢！

　　本书凝聚了华东院电气人的汗水和心血，希望本书的出版，对于我国大型会展建筑的电气设计与实施具有一定的指导意义！